KB121996

내 아이의 말 습관

내 아이의 말 습관

모든 육아의 답은 아이의 말 속에 있다

천영희 지음

whale books

일러두기

- 책에 나오는 연령은 모두 만 나이를 사용했다.
- 본문에는 내용을 효과적으로 전달하기 위해 부모, 엄마, 아빠라는 호칭을 사용했지만, 주양육자라면 누구나 활용할 수 있다.

들어가며

아이가 오늘 자주 한 말은 무엇인가요?

말하는 아이, 못 듣는 부모

아이가 말문이 트이면, 부모의 말문이 막힌다. "싫어!" "안 해!" "엄마 미워" "아빠랑 안 놀아" "저리 가!"…. 아이는 부모가 제안하는 건 싫다고 하고, 부모의 존재 자체를 거부하는 말을 하기도 한다. 그러면 보통 부모들은 "어디서 그런 말을 배운 거야?"라며 화를 내기 바쁘다.

이때부터 부모는 상담소나 교육 기관을 찾고, 육아서를 읽어보기 시작한다. 그리고 부모가 어떻게 말해줘야 할지를 익히고자 한다. 하지만 나와 우리 아이에게 딱 맞는 사례가 책에는 없을 때가 많다. 쉽사리 적용이 되지 않으니 더 막막해지고, 아이와의 대화는 이어지지 않는다.

나 또한 마찬가지였다. 첫째 아이를 교과서에 나온 지식대로 키우면서 육아를 잘하고 있다고 생각했다. 부모 교육과 상담을 하면서 전문가의 시선으로 아낌없는 조언을 전하기도 했다. 하지만 둘째 아이를 키우면서부터는 상황이 달라졌다. "어린이집 안 가!" 다섯 살 둘째는 말을 시작하면서부터 "내가 할래!" "싫어!" "미워!"를 달고 살았고 우리는 매일 전쟁통을 치렀다.

기질적으로 까다롭고 예민한 아이를 상대하는 것은 쉬운 일이 아니었다. 시간이 걸리더라도 아이와 잘 이야기해야 한다고 조언하던 나였지만, 이때만큼은 아이의 말에 둔감한 귀를 가지고 있으면 얼마나 좋을까 생각하기도 했다. 아마 많은 부모가 아이의 말을 잘 들어주어야 한다고 결심하면서도 화를 내고 우기고 말꼬리를 잡는 아이의 말에 어떻게 해야 할지 모르거나 화를 냈을 것이다. 그리고 아이에게 미안한 마음을 가지는 경험을 했을 것이다.

하지만 잠시 임신했을 때를 떠올려보자. 아이가 배 속에 있는 열 달 동안 우리는 "아가야, 엄마야. 엄마 목소리 들리지?" "아가야, 엄마는 오늘 기분이 좋아!" "날씨가 이제 추워지려고 해!"와 같이 많은 대화를 하며 아이와 교감했다. 그리고 아이가 태어난 후에는 "응가해서 불편하구나. 아빠가 기저귀 갈아줄게" "우리 아가 배가 고프구나. 엄마가 어서 맘마 준비해 줄게. 잠깐만 기다려"와 같이 아이의 울음소리만 듣고도 무엇을 원하는지 읽어내는 놀라운 능력을 발휘했다.

그런데 아이가 "엄마" "아빠"라는 말을 시작하면서부터 신기한 일이 발생한다. 우리 아이에게만큼은 세상에서 가장 큰 귀를 가지고 들어주었던 부모의 귀가 점점 작아지는 것이다. 아이는 점점 커가면서 제법 말도 잘하고 자기 의사 표현도 하는데, 아이의 마음을 읽어내던 부모의 놀라운 능력은 어디로 간 걸까? 아이는 말문이 트였는데, 부모는 왜 귀가 닫히고 말문이 막히게 될까?

잠시 귀를 열고 아이의 말을 들어주는 것만으로 많은 것이 달라진다. 어느 아침, 어김없이 "싫어!" "안 가!"를 반복하는 아이를 타이르는 것을 관두고 왜 어린이집에 가기 싫은지 물어보았다.

"너는 왜 어린이집 가기 싫어?"

"어린이집에는 엄마가 없잖아."

이 말을 듣자 코끝이 찡해졌다.

"엄마랑 같이 있고 싶구나. 엄마도 너랑 같이 있고 싶은데. 엄마를 많이 좋아해 줘서 고마워. 엄마도 너를 참 좋아해."

"그런데 왜 나를 어린이집에 보내?"

아이는 좋아하면 같이 있어야 하는데 왜 자신과 함께하지 않는지가 궁금했던 것이다.

"엄마는 일하러 가거든. 그런데 함께 있지는 않지만 엄마가 너를 사랑하는 건 변함이 없어. 그리고 헤어져 있어도 엄마는 너를 생각하고 있어."

어린이집 앞에서 헤어지기 전에 아이가 말했다.

"나도 엄마를 생각하고 있을게. 엄마도 나를 생각하고 있어."

하원할 때가 되어 어린이집에 갔더니 아이가 말했다.

"엄마! 나는 엄마를 생각하고 있었어. 엄마는?"

"엄마도 일하면서 계속 네 생각했어."

아이에게 일방적으로 말했던 것을 관두고 아이에게 질문하며 아이의 속마음을 듣자, 더 깊게 아이를 이해할 수 있었다. 그리고 비로소 문제의 실마리를 찾을 수 있었다.

아이가 자주 하는 말 속에 모든 열쇠가 있다

부모는 늘 바쁘다. 직장에 가야 하고, 집에서는 집안일을 하느라 아이의 얼굴을 마주보고 이야기할 여유가 없다. 그러다 보니 아이의 말에 성심성의껏 반응했던 부모는 어디 가고, 오로지 부모 자신이 하고 싶은 말을 아이가 잘 듣는지에 집중하게 된다.

이제는 다시 아이의 말에 집중하면 좋겠다. 내 아이에 대한 정보, 아이의 생각과 감정은 모두 아이에게 있다. 그러니 아이가 자주 하는 말을 실마리로 하여 아이의 속마음을 들여다봐야 한다.

"최근에 엄마가 어떤 말을 해주었을 때 제일 기분이 좋았어?"

"어떻게 해줄 때 소중하다는 생각이 들어?"

"아빠가 어떤 행동을 할 때 행복하다고 느껴?"

아이마다 기질이 달라서 원하는 것도 다르고 상황에 따라 대답도 다르다. 마음을 충분히 읽어줘야 하는 아이가 있는가 하면 자신의 이야기를 들어주는 것만으로 충분한 아이가 있다.

"아빠가 어떻게 해줄 때 너는 사랑을 받고 있다고 느꼈어?"

"아빠가 안아줄 때요."

"엄마, 친구가 나 밀쳐서 넘어뜨렸어요. 그래서 나 손바닥 여기 다쳐서 밴드 붙여야 해요. 친구 미워요."

"속상했겠다. 어디 봐. 안 아파? 엄마가 어떻게 도와줄까?"

"안 도와줘도 돼요. 밴드만 붙여줘요."

아이의 말을 들으면서 가끔 아이만이 할 수 있는 표현에 놀라기도 한다. '천재 아니야! 어떻게 이런 말을 하지!' 갓 말을 배우기 시작한 아이의 말에는 제일 순수하고 본능적인, 그때만 들을 수 있는 표현이 있다. 하지만 사회의 영향을 받으며 우리 아이만이 가지고 있는 독특함은 조금씩 사라진다. 더 귀하게 생각하고 들어주어야 하는 이유다. 나도 아이와 이야기한 것 중 기억에 남기고 싶은 말은 기록해 두기도 한다.

이제 아이의 입이 스스로 말할 수 있게 부모의 귀를 열자. 누구보다 우리 아이를 잘 아는 것은 부모다. 부모의 말 공부가 아닌 아이의 말 공부로 바꾸는 순간 누구보다 행복한 육아를 할 수 있다. 아이의 말에 담긴 속마음이 무엇인지 알기 위해 고민하는 부모라면 사춘기가 와서 의견이 부딪혀도 아이와 잘 소통한다. “엄마는 알지도 못하면서. 나한테 관심 꺼. 내가 다 알아서 한다고!”와 같은 아이의 말에는, 사실 “내 말 제대로 듣고 있는 거 맞아? 왜 엄마는 엄마 말만 해?”라는 마음이 담겨 있다.

물론 아이의 말을 듣기 위해서는 훈련이 필요하다. 바쁜 시대에 살고 있으니 부모가 필요한 말을 하면 아이가 들어주기를 바라는 것도 당연하다. 하지만 양육은 빨리빨리 해결해야 하는 당면한 문제가 아니라, 시간과 정성을 들여 오래도록 관계 맺는 일이다. 하물며 식물 하나를 키워서 열매 맺기까지도 오랜 시간 공들여야 하는데, 우리 아이들이라고 다르겠는가?

첫째 아이가 요즘 둘째 아이 때문에 스트레스가 많다며 투덜거렸다. 자기 전에 첫째 아이를 안으면서 말해주었다.

“동생 때문에 스트레스도 받고, 참아야 할 때도 많아서 힘들지?”

아이가 이 말에 나를 부둥켜안으면서 말했다.

“엄마, 그렇게 말해줘서 고마워.”

모든 아이에게는 자주 사용하는 말들이 있다. 그런데 매번 반복하는 말이다 보니 그냥 지나쳐버리거나, 고쳐야 한다는 생각에 혼내는 경우가 많다. 사실 아이의 말 습관은 우리 아이를 가장 잘 이해하게 해주는 육아의 열쇠가 되는데도 말이다. 이 책에서는 아이의 말을 더 효과적으로 듣고 반응해 줄 수 있도록, 아이들이 자주 사용하는 말을 6가지로 나누어 불안, 탐구, 재미, 주도, 사랑, 감정의 언어로 분류하였다. 이때 사람의 욕구를 바탕으로 성격 유형을 9가지로 나눈, 성격 심리학 중 하나인 에니어그램을 이론적 근거로 삼았다.

다만 어떤 아이들은 언어보다는 행동으로 기질을 드러낸다는 사실을 기억하길 바란다. 6가지의 유형은 아이를 더 잘 이해하기 위한 발판이지, 유형화하거나 규정하기 위한 기준은 아니다. 다만 아동의 발달 시기와 기질에 따라 자주 사용하는 말을 묶은 이 책이, 끊임없이 말을 쏟아내는 아이 말의 바닷속에서 어지러운 부모들에게 친절한 길잡이가 되어주기를 바란다.

부모와 전문가의 말들로 가득한 지금은 그 어느 때보다 내 아이의 말 공부가 필요하다. 이 책을 통해 엄마의 말보다는 아이의 말에 집중할 수 있기를 바란다.

긍정적인 의사소통 테스트

아래는 총 20문항으로 구성된 긍정적인 의사소통 질문지다. 긍정 문항 15, 부정 문항 5문항(11, 12, 13, 14, 15)으로 부정 문항은 역점수로 환산하여 100점으로 점수를 표시할 수 있고 점수가 높을수록 긍정적인 의사소통을 많이 한다는 것을 의미한다.
지금 한번 여러분의 의사소통 점수는 몇 점인지 살펴보자. 책을 읽고 나서, 양육 과정 중에 수시로 점검해 봐도 좋다.

	문항	전혀 그렇지 않다 (1)	그렇지 않다 (2)	보통이다 (3)	그렇다 (4)	매우 그렇다 (5)
1	나는 아이가 하고 싶은 말을 잘할 수 있도록 여러 가지 방법으로 도와준다.					
2	나는 아이에게 말을 한 다음 꼭 아이의 대답을 들어본다.					
3	나는 아이의 의견과 내 의견이 다르더라도 중간에 가로막지 않고 아이의 의견을 끝까지 들어준다.					
4	아이는 내게 어린이집이나 집에서 있었던 일을 이야기하면서 즐거워한다.					
5	나는 아이와 이야기할 때 내가 정말로 아이를 사랑한다는 것을 아이가 느낄 수 있도록 노력한다.					
6	나는 가능하면 아이와 이야기를 많이 하려고 노력한다.					
7	나는 아이와 이야기할 때 편안하고 즐겁다.					
8	나는 아이에게 하고 싶은 말이 있으면 무엇이든 자유롭게 이야기한다.					

9	나는 항상 아이의 의견을 존중하고 아이의 말을 무조건 믿어준다.					
10	아이가 나에 대한 불만을 이야기해도 나는 아이의 이야기를 잘 들어준다.					
11	나는 아이에게 잘한 일보다는 잘못한 일에 대해서 더 많이 이야기한다.					
12	나는 아이가 내 의견에 찬성하지 않으면 투덜대고 화를 낸다.					
13	나는 내 생각과 아이의 생각이 다르더라도 내가 옳다고 생각하면 끝까지 이야기한다.					
14	나는 어떤 일이든지 내가 결정하고 아이는 따르도록 한다.					
15	나와 아이가 이야기를 할 때는 주로 내가 이야기를 하는 편이다.					
16	아이와 의견이 다르거나 말다툼이 있을 때 서로 조금씩 양보를 함으로써 타협을 한다.					
17	아이와 이야기를 하면 아이가 무슨 뜻으로 말하는 것인지 안다.					
18	아이와 관련된 중요한 결정을 내릴 때 함께 의논한다.					
19	아이는 내가 말하지 않아도 나의 감정이 어떤지 잘 안다.					
20	아이가 스스로 해결점을 찾을 수 있도록 기다려준다.					

출처: 하워드 반스Howard L. Barnes와 데이비드 올슨David H. Olson이 개발한 부모-자녀 간 의사소통 척도Parent-Adolescent Communication, PAC(1982)를 김윤희가 번안한 측정 도구(1989)에 이명란이 개방적인 의사소통 유형을 수정, 보완

차례

01 불안의 언어로 말하는 아이에게

정서적 안정을 이끄는 확신의 경청법

02
탐구의 언어로 말하는 아이에게

문제 해결 능력을 높여주는 창조적 경청법

03
재미의 언어로 말하는 아이에게

자기 확신을 키우는 긍정의 경청법

04

주도의 언어로 말하는 아이에게

자기 조절 능력을 발달시키는 인정의 경청법

05

사랑의 언어로 말하는 아이에게

건강한 자존감을 만드는 다정한 경청법

06

감정의 언어로 말하는 아이에게

공감 능력을 기르는 존중의 경청법

01

불안의 언어로 말하는 아이에게

정서적 안정을 이끄는 확신의 경청법

엄마,
저 화장실
다녀와도 돼요?

서툰 말 속에 숨은 아이의 진짜 속마음

"엄마에게 물어보지 않고
내 마음대로 하다가
문제가 생기면
어떨까 걱정돼요."

"엄마에게
잘 보이고
싶어요."

"제가 물어봐야
내 마음도
엄마 마음도
편할 것 같아요."

아이가 미디어에서 누군가 죽는 것을 보거나, 누군가 죽었다는 이야기를 전해 듣고 "엄마도 죽어요?"라고 물어본다. "내 가방은 내가 다 챙겼어요"라고 하며 유치원에 갈 준비를 스스로 척척 하다가도, "이거 해도 돼요?"라며 하나부터 열까지 다 확인하고 싶어 한다. 예전에 했던 약속을 기억해 "사주기로 했던 장난감은 언제 사줄 거예요?"라고 집요하게 물어본다. 새학기를 앞두고 걱정이 많아 "친구가 없으면 어떡하죠?"라는 질문을 던지기도 한다.

내용은 모두 다르지만, 이러한 말을 하는 아이들에게는 불안을 자주 느끼고 안전에 대한 욕구가 높다는 공통점이 있다. 안전을 확보하지 못한다는 생각이 들면 두려워 안내를 받고 싶어 하고, 확실한 체계나 틀이 주어질 때 편안함을 느낀다.

불안의 언어로 말하는 아이들은 성실하고 준비성이 철저하며 신중하게 여러 번 생각하는 경향이 있다. 그러다 보니 꼼꼼하게 미래에 대한 계획을 세우고, 깔끔하게 정돈하는 것을 좋아한다. 차분하고 명확한 언어로 다른 사람의 생각을 확인하고자 하고, 부모와 친구와의 약속도 잘 지키려고 한다. 책임감이 강하여 주변의 신뢰를 얻고, 스스로도 성실한 사람이라고 생각한다.

하지만 한편으로 잔걱정이 많고, 쉽게 결정을 내리지 못해 다른 사람의 생각이나 의견을 여러 차례 물어볼 수도 있다. 의사 결정에 있어서도 가정과 사회의 규칙이나 기존의 방식을 따르는 것을 선호하는 경향이 있다. 스스로 통제할 수 있기를 바라기 때문에 확실한 상황을 좋아하고 새로운 일에 도전하는 데는 두려움을 느낀다.

아이들이 확인 질문을 많이 하는 이유는 불안하기 때문이다. 불안을 없애고 싶어 미리 준비를 철저하게 하거나 자신이 하는 것이 맞는지, 해도 되는 것이 맞는지 확인하게 된다. 아이들은 그렇게 함으로써 안전함과 평안함을 느낀다. 영국의 발달 심리학자 캐서린 밴험Katharine Banham은 불안의 시작을 생후 6개월 이전으로 보았다. 그에 따르면 신생아는 흥분만 가지고 태어났다가 6개월을 기점으로 이전에 불안이 형성되고, 전후로 공포의 정서가 분화된다. 아이들은 출생 이후 12개월까지는 큰소리나 부모와 분리되는 상황에 본능적으로 움츠러든다. 바로 생존에 위협을 느끼기 때문이다. 이와 같은 분리불안은 14~18개월에 가장 많이 나타나다가 서서히 줄어든다.

1~4세 때는 어둠 속의 괴물과 귀신을 무서워해 잠들기를 거부하고 깨어있으려 할 때도 많다. 그러다가 5세 때는 신체적으로 위협을 받는 상황이나 번개, 천둥, 홍수 등의 자연 현상을 무서워한다. 불안의 대상이 조금 더 현실적으로 변화하는 것이다. 이렇게 발달 과정에 따라서 아이들이 걱정하고 불안해하는 대상이 바뀐다. 아이마다 정도에 차이는 있지만, 자신의 생존과 관련되어 있는 것에 불안을 느끼는 것은 지극히 정상적인 발달의 과정이다.

아이들은 어떤 위협이나 어려움을 극복하려고 할 때 긴장, 불안, 걱정, 두려움을 경험한다. 적절한 수준의 불안은 위험에 대한 경각심을 갖게 한다는 점에서는 유용하고 긍정적이다. 하지만 불안의 정도가 과도하거나 지나치게 오래 지속되면, 식물성 신경계 기능의 변화를 초래하거나 균형을 잃을 수 있다. 즉 과도한 불안은 일상을 비현실적이고 부정적으로 예측하고 받아들이게 하는 인지적 왜곡을 만들기도 한다. 또한 부모에게 의존하거나 자기 주장을 못 하고 위축된 모습을 보일 수 있다. 근육 긴장, 어지러움, 두통, 복통 등과 같은 신체적인 증상을 겪기도 한다.

불안한 아이를 믿음으로 보듬어줄 수 있다. 불안과 믿음은 모두 눈에 보이지 않는다는 점에서 비슷하지만, 결정적인 차이점이 존재한다. 바로 불안은 실체가 보이지 않는 막연한 감정이라면, 믿음은 보이지는 않지만 마치 실체가 있는 것처럼 바라보는 감정이라는 점이다. 이를테면 부모는 아이를 보면서 지금은 작고 연약한 씨앗이지만, 나중에는 향기 나는 꽃 혹은 튼튼한 나무로 성장할 것이라는 형태가 분명한 믿음을 가진다. 아이 안에 재능과 보물이 숨겨져 있다고 믿고 아이의 잠재력과 가능성을 보는 관점은 가치가 있다.

이 글을 읽고 있는 여러분 또한 아이에 대해 어떠한 믿음을 가지고 있을 것이다. 해결 중심 상담 모델에서는 모든 부모가 아이에 대해 다음과 같은 믿음을 가지고 있다고 이야기한다.

우리 아이는

- 부모님에게 자랑스러운 사람이 되고 싶어 한다.
- 부모님과 중요한 어른들에게 기쁨을 주고 싶어 한다.
- 새로운 것들을 배우고 싶어 한다.
- 새로운 기술과 지식을 숙련되게 익히는 경험을 하고 싶어 한다.
- 기회가 주어졌을 때 선택하고 싶어 한다.
- 사회 성원으로 받아들여지고 사회의 일원이 되기를 원한다.
- 다른 사람들과 함께 활동하고 함께하고 싶어 한다.
- 기회가 주어졌을 때 자신의 의견을 나타내고 선택하고 싶어 한다.

상담 현장에서 실제로 부모가 믿고 기다려주었을 때, 방황하더라도 다시 부모의 품에 돌아가는 경우를 본다. 아이들에게는 나를 믿어주는 단 한 사람이 중요하다. 바로 부모가 나를 사랑한다는 믿음, 내가 실수해도 받아줄 것이라는 믿음, 내가 힘들 때 손잡아줄 것이라는 믿음 말이다.

부모는 아이가 가지고 있는 내적인 힘, 이겨내는 힘을 믿어야 한다. 우리가 아이를 믿어주는 만큼 아이는 더디더라도 변화하고, 스스로 답을 찾고 성장할 것이다. 그리고 어떤 상황에서도 믿음을 선택할 것이다. 이는 긍정적인 말과 확신하는 생각을 선택하고, 부정적인 말과 의심하는 생각을 선택하지 않는다는 것을 뜻한다. 물론 이는 오랜 인내와 기다림 끝에야 가능한 것이기에 쉽지만은 않다.

"너를 믿어. 너는 잘해나갈 거야."

"실수해도 괜찮아. 원래 어려운 거야."

"언제까지나 엄마는 이 자리에서 기다릴 거야."

부모의 명확한 태도가 불안을 멈추게 한다. 아이가 자신을 믿을 수 없어 지나치게 준비를 하고 확인 질문을 많이 하더라도, 아이가 불안을 낮추기 위한 것이라는 사실을 안다면 부모는 기다려줄 수 있다. 부모가 아이와 친밀하게 의사소통하고 믿고 격려해 주며 굳건한 신뢰 관계를 형성해 나갈 때, 아이는 '세상은 살 만하고 믿을 만하다'는 믿음을 가지게 된다.

반면 양육 과정에서 일관성 없는 태도로 임하거나 아이들의 기본적인 욕구를 충족시켜주지 못하면 전반적인 불신감과 불안감이 발생한다. 대표적인 발달 심리학자인 에릭슨Erik Homburger Erikson은 인간의 발달을 8단계로 분류했고, 그중 첫 번째 단계를 '신뢰 대 불신' 시기로 두어 신뢰를 가장 중요하고 근본적인 덕목으로 강조했다. 신뢰는 자신과 중요한 관계를 맺는 사람으로부터 욕구가 충족될 때 획득되는 것으로, 건강한 성격 형성의 바탕을 이룬다.

신뢰 관계를 형성하는 것은 아이의 생각과 경험, 행동에 결정적인 영향을 미친다는 점에서 중요하다. 따라서 이 장에서는 불안의 언어를 사용하는 아이들의 속마음을 살펴보고, 각 사례 안에서 아이와 더 단단한 관계를 형성하며 믿음을 쌓아가는 방법을 살펴보고자 한다.

엄마도 죽어요?
: 부모가 사라질까 걱정하는 아이

아이들은 죽음을 접한다. 뉴스를 보거나 지인이나 친척이 죽었다는 소식을 듣고, 아니면 길을 지나가다 무덤을 보고 죽음을 알게 된다. 그리고 어느 날 불쑥 다음과 같은 질문을 던진다.

"엄마, 만화를 봤는데 그 아이는 엄마가 죽어서 없대요. 엄마도 죽어요?"

상담실에 찾아온 한 어머님은 엄마도 언젠가 죽는다고 솔직하게 답해주었더니 아이가 울음을 터뜨리더라며, 죽음에 대해서 어떻게 말해주어야 할지 모르겠다고 털어놓았다. 아이가 죽음에 관한 질문을 할 때는 순간적으로 어떻게 답해주어야 할지 난감할 수 있다.

둘째 아이 임신 8개월째에 있었던 일이다. 첫째 아이를 어린이집까지 데려다주었는데, 아이가 들어가지 않겠다고 했다. 그러면서 자신이 노는 것을 엄마가 계속 지켜봐 주었으면 좋겠다고 말하는 것이 아닌가? 아이를 무작정 들여보내기보다 놀이터에서 잠시 아이와 놀다가 오늘은 왜 어린이집에 가고 싶지 않은지를 물어보았다. 그랬더니 아이가 대답했다.

"엄마가 내가 없는 사이에 길에서 쓰러지면 어떡해? 엄마가 길에서 피를 흘릴까 봐 걱정 돼."

아이는 엄마의 배가 점점 불러오고 걷는 것도 힘들어하는 모습을 보며 속으로 걱정이 된 것이다. 엄마에게 무슨 일이 생겨 갑자기 사라질까 봐 걱정돼 어린이집 안으로 들어가기를 망설였던 거였다. 추운 겨울이었지만 놀이터에서 아이와 이야기를 한참 동안 나누었다. 재차 "엄마, 그러면 병원 가도 죽지 않아?"라고 물어보는 아이에게 다음과 같이 말해주었다.

"엄마가 사라질까 봐 무서웠구나. 엄마를 걱정해 주는 것을 보니, 엄마를 많이 사랑한다는 것을 알았어. 맞아, 엄마는 아기를 낳으러 갈 거야. 그럼 잠시 떨어져 지낼 수도 있어. 하지만 엄마는 너무 건강하고 병원에 가게 되면 너에게 미리 꼭 말하고 갈 거야. 동생을 낳게 되면 엄마를 병원에 와서 볼 수 있어. 엄마는 너도 건강하게 낳았고, 동생도 건강하게 낳을 거야. 어제 그리고 오늘 너와 놀았던 것처럼 놀아주고 돌봐줄 거야."

죽음이 두려운 아이의 속마음

솔직히 죽음이라는 것에 대해 부모라고 할지라도 편안한 마음으로 대답하기 어렵다. 아이뿐만 아니라 부모도 죽음에 대한 두려움과 걱정이 있다. 그래서 아이가 죽음에 대해 질문하면 회피하거나 뭐 그런 것을 물어보냐고 핀잔을 주기도 한다.

하지만 죽음에 대해 질문하는 아이의 속마음에는 부모에 대한 걱정, 무엇보다 나를 태어나게 해준 부모님이 계속 살아있어서 함께하고 싶다는 바람이 있다. 아이들은 다른 사람은 죽어도 자신의 엄마 아빠만은 죽지 않기를 바란다.

엄마가 계속 제 옆에 있어줬으면 좋겠어요. 계속 함께 있고 싶은데, 지금 있는 것처럼 나중에는 함께할 수 없다면 너무 슬퍼요.

"사람은 누구나 죽어. 엄마도 언젠가는 죽을 거야. 그런데 왜 그런 질문을 하니? 그런 말 하는 거 아니야"라고 대화를 차단한다면 아이가 가지고 있던 불안은 나아지지 않는다. "쓸데없는 말 하지 말고 장난감 가지고 가서 놀던지, 방에 가서 공부해. 엄마 아빠는 죽지 않으니까"라며 아이의 말을 가볍게 넘겨도 걱정과 슬픔은 결코 해소되지 않는다.

죽음이 두려운 아이를 도와주는 법

아이는 자랄수록 성숙한 질문을 한다. 어떤 경우라도 거짓말을 하거나 둘러대기보다는 사실대로 말해주는 것이 좋다. 민감한 질문을 부모에게 할 수 있다는 것 자체가 어떻게 보면 좋은 신호다. 이럴 때 부모는 솔직하게 대답하여 아이와 신뢰를 쌓을 수 있도록 해야 한다. 만약 부모가 생각해 보지 못한 질문을 한다면, 알아보고 이야기해 준다고 털어놓고 정보를 확인한 후 대답해 주어도 된다.

아이가 죽음에 대해 물어볼 때 참고할 만한 좋은 연구 결과가 있다. 헝가리의 심리학자인 마리아 나기Maria H. Nagy는 죽음에 대한 아이들의 인식을 이해하기 위해 제2차 세계대전 직후 약 400명의 헝가리 아이들을 관찰했다. 그리고 아이들의 죽음에 대한 인식은 3~10세 사이에 아래의 단계를 거쳐 발전한다는 사실을 발견했다.

먼저 3~5세의 1단계에서 아이는 죽음을 삶의 연장선상으로 이해하며, 살아는 있지만 잠든 것처럼 활동성이 떨어지는 상태로 받아들인다. 죽음은 일시적인 상태로서 언제든 다시 살아있는 상태로 돌아갈 수 있으며, 피할 수 있는 것으로 생각한다.

그러다 5~9세의 2단계에서 아이는 죽음이 마지막 단계로 돌이

킬 수 없다는 사실을 인식한다. 하지만 여전히 죽음을 피할 수 없는 것으로는 보지 않으며, 자신과 결부시키지는 못한다. 마지막 9~10세의 3단계에서 아이는 죽음이 모든 사람에게 찾아온다는 사실을 인지한다. 더 나아가 죽음은 난폭한 행동이나 잘못으로 인한 벌이 아니며, 정상적인 생활 주기의 한 부분이라는 사실을 받아들인다. 이렇듯 나이대에 따라 달라지는 죽음에 대한 생각을 이해하면, 아이가 죽음에 대해 물어볼 때 더 잘 대처할 수 있게 된다.

일반적으로는 부모가 죽을까 봐 걱정하는 아이들을 아래와 같이 도와줄 수 있다.

첫 번째, 죽음에 대한 아이의 감정과 생각을 물어본다.

아이가 죽음의 개념을 알기 시작했다면 대화를 나눠볼 수 있다. 특히 어떤 아이들은 미디어나 게임 등을 통해 죽음을 잘못 받아들이고 자기 방식대로 해석해 슬퍼하거나, 엄마가 걱정되어 잠을 못 이룰 수도 있기 때문에 죽음에 대해 충분히 이야기해 보는 것이 좋다.

"엄마 아빠가 죽는다면, 너는 어떤 생각이 들 것 같아?"

"엄마, 나는 엄마가 죽으면 못 살아. 엄마 아빠에게 더 잘해줬어야 했는데, 후회할 것 같아."

"네가 엄마 아빠에게 충분히 잘해주고 후회하지 않을 수 있을 만큼 우리

는 오래오래 네 곁에 있을 거야. 지금 엄마 아빠가 널 돕듯, 네가 어른이 되면 엄마 아빠를 도와줄걸."

두 번째, 죽음에 대한 이야기를 오늘의 감사로 풀어본다.

죽음에 대한 생각을 오늘 함께하는 것에 감사하는 방향으로 풀어내는 것도 좋은 방법이다. 아이와 죽음에 대한 이야기를 나누는 것은 가족의 소중함과 하루의 감사에 대해 이야기할 좋은 기회가 될 수도 있다.

"그런 생각이 들었구나. 소중한 사람이 죽는다는 것은 참 슬픈 일이지만 오늘 너랑 엄마가 살아있어서 이렇게 얼굴 보며 이야기할 수 있으니 얼마나 감사한지 몰라. 사람은 건강 관리를 잘하면 오래오래 살 수 있어. 엄마가 요즘 운동도 열심히 하잖아."

꿈에 마녀가 나타났어요
: 잠들기 무서운 아이

"저희 아이는 다섯 살인데, 요즘 계속 무서운 꿈을 꿔요. 차 사고 나는 꿈, 아파트 무너지는 꿈, 차에 치이는 꿈…. 평소와 똑같이 보내고 있고 자극적인 영상도 본 적이 없는데 왜 그러는지 궁금해요. 혹시 마음이 불안한 건지, 성장하느라 그런 건지 걱정이 되네요. 어떻게 해줘야 할지 모르겠어요."

어린아이들은 성장하며 특별히 자극적인 영상을 보지 않거나 결정적인 사건 없이도 무서운 꿈을 꿀 수 있다. 심한 경우에는 생존이나 안전과 관련된 무서운 꿈을 매일 꾸기도 하는데, 이럴 경우 잠에서 깨면 다시 잠들지 않으려고 하기도 한다. 대부분은 시간이 지나면서 조금씩 좋아지는, 자연스러운 현상이다.

나 또한 비슷한 경험이 있다. 다섯 살 둘째 아이를 재우다가 먼저 잠들곤 했다. 그러면 아직 잠들지 못한 아이는 내 몸 위로 구르고 올라타며 잠을 깨웠다. 새벽 한 시가 넘어야 잠드는 아이를 일찍 재우기 위해 이른 시간에 눕혀도 보고, 에너지를 발산시키려 노력해 보고, 따뜻한 물놀이로 이완을 시켜보기도 했지만 쉽지 않았다. 그러다 어느 날 마음을 먹고 잠을 못 자고 있는 아이에게 물어보았다.

"잠을 안 자고 왜 이렇게 뒹구는 거야?"

"무서운 꿈 꿀까 봐. 엄마, 나는 그래서 눈을 뜨고 있는 거야."

잠드는 것이 무서운 아이의 속마음

만약 아이에게 물어보지 않았다면 나는 끝까지 아이가 무서운 꿈을 꾸기 싫어 잠들지 않으려 한다는 사실을 몰랐을 것이다. 어떤 아이는 무서운 꿈을 꾼다는 것을 부모에게 먼저 이야기하기도 하지만, 부모가 물어보기 전까지 말하지 않는 아이도 있다.

아이들이 잠을 늦게까지 자지 않는 이유는 다양하기에 한 번쯤은 왜 이렇게 잠드는 것을 힘들어하는지 아이들에게 물어보는 것이 좋다. 아이가 잠들지 못하고 엄마의 몸 위로 뒹굴었던 행동은, 사실 다음과 같이 부탁하고 있는 것이었다.

저 무서워서 잘 수가 없어요. 지금은 엄마가 옆에 있지만 꿈속에는 엄마가 없잖아요. 잠들기가 힘들어요. 저를 잘 수 있게 도와주세요.

아이가 무서운 꿈을 꾸었다고 하면, 보통은 그때의 감정을 자세히 물어보기보다 빨리 해결하려는 마음이 앞서곤 한다.

"그건 꿈이야. 그건 현실이 아니야! 그런 일은 없어."

얼른 화제를 전환해 아이에게 안정감을 주려고 하지만, 무서운 꿈을 꾸었을 때는 아이의 감정에 관해 충분히 이야기를 나누는 것이 좋다. 꿈을 꾸고 나서 아이가 얼마나 무서웠는지, 또 얼마나 두려웠는지 충분히 듣고 공감해 주는 것이 필요하다. 무서운 꿈에 대해 부모와 함께 이야기를 나눌 때 아이는 부모의 말을 믿고, 부모가 늘 옆에 있다는 사실에 든든해진다.

"아파트에서 떨어져서 너무 놀라고 무서운 마음이었겠다. 엄마도 무서운 꿈을 꾸면, 꿈속에서 많이 놀라곤 해."

"엄마도 어렸을 때 천둥소리가 많이 나는 날은 무서웠어. 그런 날에는 이불 속에 숨기도 하고, 할머니 품에 안기기도 했단다."

아이가 편안히 잠들 수 있도록 하는 법

또다시 무서운 꿈을 꿀까 봐 잠들기 힘들어하는 아이를 어떻게 도와주면 좋을까?

첫 번째, 소통이 가능한 나이라면 대화를 통해 아이가 원하는 방식으로 재운다.

아이가 원하는 방식으로 재우는 것이 마음을 안정시키는 데 도움이 된다. 아이가 아직 어리다면 평소 잠을 재웠던 방식을 나열해서 말하며 선택하도록 할 수 있다. 그러면 아이가 직접 제일 안정되고 원하는 방식을 이야기할 것이다. 자장가를 요청할 수도 있다.

"아빠가 어떻게 해주면 편안하게 잘 수 있을 것 같아? 손을 잡아줄까, 자장가를 불러줄까? 다리를 주물러 줄까, 토닥여 줄까?"
"한 손은 잡고, 한 손은 토닥여 줘요. 그리고 자장가 불러주세요."

두 번째, 아이가 두려워하는 대상이 현실에 없다는 걸 직접 확인시켜 준다.

우리 아이 같은 경우는 마녀를 제일 무서워했는데, 집에 마녀가 산다고 믿고 있었다.

이불을 뒤집어쓰고 자기 전에 무섭다고 말하는 아이에게 "마녀가 정말 있는지 한번 확인해 볼까?"라고 말한 후 아이를 안고 집 안 곳곳을 한 바퀴 돌며 문 뒤를 살펴보고 장롱도 열어보며 곳곳에 아무것도 없다는 것을 보여주었다. 아이들은 실제로 자신의 눈으로 아무것도 없다는 걸 확인하고 나서야 비로소 안심한다.

세 번째, 꿈속에 나타나는 부모가 되어준다.

"엄마, 나 잠들었는데 무서운 꿈을 꾸면 어떻게 해?"

"엄마가 늘 옆에 있잖아. 엄마가 네 꿈속에 들어가서 네 옆에서 무찔러 줄게."

"엄마는 내 꿈속에 들어올 수가 없잖아. 내 머릿속을 엄마가 어떻게 들어와!"

둘째 아이다운 대답이다. 첫째 아이라면 꿈속에 엄마가 나타난다고 좋아했을 것이다. 아이마다 성향은 다르지만, 끝까지 아이에게 확신을 심어주려고 노력해야 한다.

"아까 봤지? 마녀도 실제론 없지만, 꿈속에 나타나잖아. 엄마는 네 옆에 있으니까, 네가 꿈꾸다가 생각하면 나타날 수 있어. 엄마가 네가 무서우면 바로 옆에서 안아주고, 마녀 다 무찔러 줄게."

내 가방은 내가 다 챙겼어요
: 아무리 준비해도 불안한 아이

"우리 아이는 일곱 살인데 뭐든지 스스로 잘해요. 특별히 그렇게 하라고 가르쳐주지 않았는데도 혼자서 척척 하더라고요. 혼자서 가방도 싸고, 여행 갈 때는 자신의 속옷과 여벌 옷도 챙겨요. 그리고 내 것은 내가 챙겼으니 엄마는 신경 쓰지 말라고 말해요."

일곱 살인데 연필 네 자루를 깎아서 필통에 넣고, 이름 스티커를 찾아 필기도구에 모두 붙이고, 빠진 것은 없는지 확인하여 가방에 다 챙겨놓는 아이. 부모가 준비성이 철저하지 않다면 오히려 아이에게 잔소리를 듣는 상황이 발생하기도 한다. 부모는 아이가 스스로 자기 것을 준비하니 기특하기만 하다. 가방을 챙길 때마다 일일이 가르쳐야 하는 아이들도 많은데, 야무져서 나무랄 것이 없다. 이런 아이를 키우는 부모는 다른 부모의 부러움을 사기도 하고, 노하우를 묻는 질문을 받기도 한다. 아이를 키우면서 특별히 고민이 없을 것 같다.

꼼꼼하게 잘 챙기는 아이들은 공부도 더 잘할 것 같고, 자기 물건을 잘 못 챙기는 아이들은 공부도 못할 것 같다. 그런데 학습 능력과 준비성은 다른 영역의 문제다. 덤벙거려도 공부를 잘하는 아이들이 있고, 너무 성실하고 야무지게 자신의 것을 잘 챙기는데 학습은 어려워하는 아이들도 있다.

물론 대체로 성실하고 준비를 철저히 하는 아이들이 학생이라는 본분에 맞추어 공부를 하고, 계획표의 일정을 충실하게 따르는 것은 사실이다. 하지만 준비성이 철저한 것과 덤벙대는 것을 학습과 연결해서 생각하기보다는 성향의 차이로 보는 것이 좋다.

철저히 준비하는 아이의 속마음

미리 준비하는 아이들은 자신의 준비물뿐만 아니라 다른 친구들의 준비물도 챙기는 경우가 있다. 그리고 학교에서 필요할 수도 있다고 판단된다면 모두 챙기려 한다. '혹시 비가 올 수 있으니 우산도 챙겨서 가방에 넣어두어야 하고, 바늘과 실이 필요할지도 모르고, 지우개 여분도 있어야 하고…. 아! 자도 두 개는 있어야지. 맞아! 색 볼펜도 있어야 해.' 가끔 쓰는 것이라 할지라도 없어서 불편했던 경험이 있으면 더 철저하게 챙긴다. 더 나아가 친구들이 빌려 달라고 할 경우에 대비해 넉넉하게 준비하기도 한다.

이렇게 자신의 것을 잘 챙기는 아이들의 속마음에는 불안과 안정감에 대한 욕구가 있다.

내 준비물은 내가 확인할 거야. 누구도 믿을 수 없어. 부모님이 제대로 못 챙길 수도 있으니까 내가 확인해야지. 준비물을 제대로 챙기지 못하면 선생님 기분이 안 좋을 거야. 그러면 선생님에게 혼날 수도 있어.

그때 해야 할 것을 놓치지 않고 수행해야 안정감을 느낀다. 그만큼 자기 스스로 잘 해내고 싶고, 준비를 철저하게 해서 자신도 선생님도 친구도 불편하지 않았으면 하는 마음이 크다.

꼼꼼한 아이가 편안해질 수 있도록 돕는 법

무엇이든 미리미리 준비하는 아이들은 꼼꼼하고 야무지다. 하지만 한편으로 확인하지 않으면 스트레스를 받는다. 학교에 가기 전 준비물이나 가방을 한 시간에 한 번꼴로 확인하지 않으면 불안하다. 학교에서도 쉬는 시간마다 가방을 들춰보고, 준비물을 수시로 점검하지 않으면 안심할 수 없다.

꼼꼼함이 도가 지나치면 도움이 필요하다. 이런 특징을 가진 아이들은 여행을 가거나 재미있는 활동을 할 때에도 준비해야 하는 것에 집중하느라 정작 다른 즐거움을 놓치기 쉽고 긴장된 모습을 보일 수 있다. 불안을 없애기 위해 특정한 행동을 반복적으로 하기도 한다. 손을 눈에 띄게 자주 씻거나 순서대로 특정한 부분을 만지고, 숫자를 세고, 계속 치우거나 모으는 등의 행동을 한다면 주의 깊게 살펴볼 필요가 있다.

이렇게 준비가 철저한 아이들을 양육할 때는 편안함을 느끼도록 해주는 것이 중요하다. 아이가 스스로 준비하는 것에 대해서는 칭찬해 주되, 부모가 체크리스트를 만들어 함께 확인해 주면 아이는 비로소 안심할 수 있다. 통제 욕구가 강한 아이들을 아래와 같이 도울 수 있다.

첫 번째, 한두 가지만 수행하게 한다.

잘 해내려고 하면 긴장되고, 일이 어려우면 능력이 부족하다고 느끼기 마련이다. 특히 불안의 정도가 심한 아이들은 매사를 꼼꼼하게 정성을 들여서 하기 때문에, 다양한 과제를 제시하기보다는 한두 가지씩 수행하도록 하는 것이 좋다.

두 번째, 예습보다는 복습을 하도록 한다.

계획적인 아이들은 사고가 논리적이고 체계적이기 때문에 수업을 잘 듣고, 꼼꼼하기 때문에 노트 정리도 잘한다. 새로운 것을 알려고 하기보다는 알고 있는 것을 반복하기를 더 좋아하기 때문에 복습을 시키는 것이 더 효과적이다.

세 번째, 실수를 지적하기보다 새로운 시도를 격려해 준다.

이러한 아이들은 작은 실수에도 쉽게 위축되는 성향으로 야단을 치거나 지적하면 자기의 실수를 오랫동안 마음에 담아둔다. 결과적으로 실패하느니 아예 하지 않는 것이 낫다고 생각해 새로운 시도를 하지 않으려 할 수도 있다. 시도하는 것 자체를 격려하고 실수해도 괜찮다고 말해주는 것이 중요하다.

네 번째, 시간을 주고 준비하는 것을 기다려준다.

이사나 전학 등으로 환경이 바뀔 때, 새로운 환경에 적응하는 데 시간이 걸리는 것은 당연하다. 많은 사람 앞에 서는 것을 불편해한다면 충분히 준비할 수 있도록 리허설을 해보면 좋다. 주목받는 것을 좋아하지 않는다고 할지라도 자기표현 능력이 갖춰지면 자신의 생각을 적절히 드러낼 수 있게 된다.

아이가 주도적으로 일을 해낼 수 있도록 돕는 법

초등학교에 입학하고도 소지품을 제대로 챙기지 못하는 아이들이 있다. 그러면 부모는 아이를 야단치게 된다. 하지만 자신이 물건을 어디에 두었는지조차 기억하지 못하는 것은 단순히 아이가 반성하고 마음을 먹는다고 해서 해결되는 일이 아니다. 다섯 가지로 단계를 거쳐 순서대로 조금씩 발전할 수 있도록 해보자.

1단계. 알림장부터 확인하고 숙제와 준비물을 챙기기

아이가 스스로 준비물을 챙겨야 할 필요성을 느낄 수 있도록, 몇 가지 질문을 던지면 좋다.

"준비물을 안 가지고 가면 왜 안 될까?"
"준비물을 안 가지고 가서 친구에게 빌리게 되면 어떨까?"

2단계. 숙제할 시간, 가방 챙겨야 할 시간을 정해두기

일방적으로 명령하기보다 아이에게 스스로 생각해 볼 기회를 주어야 한다.

"왜 스스로 숙제나 가방을 챙겨야 할까?"

3단계. 해야 할 일의 순서를 정하고 분류하기

한꺼번에 여러 과제를 제시하기보다, 순서대로 차근차근 해나갈 수 있도록 해야 할 일을 나누어본다.

- 오늘 당장 해야 할 일
- 기간을 두고 나눠서 해야 할 일
- 아직 시간이 남아있는 일

4단계. 주도적으로 해야 할 동기 부여하기

아이는 왜 스스로 준비해야 하는지 필요성을 잘 모를 수도 있다. 아이가 필요성을 느끼도록 하는 것이 먼저다.

"스스로 하지 못할 때, 어떤 상황이 벌어질까?"
"어떤 불편한 점이 생기게 될까?"
"친구나 다른 사람들에게 어떤 피해를 주게 될까?

5단계. 동기가 없다면 불편함을 한두 번 느끼게 하기

부모가 불안을 이기지 못해 어느새 가방을 열어 알림장을 확인하고 준비물을 챙겨주는 것은 도움이 되지 않는다. 스스로 준비하지 않았을 때 생기는 일에 직접 책임지도록 하는 것이 좋다.

피아제의 이론에 의하면 발달상으로 형식적 조작기인 11세에는 논리적이고 체계적으로 문제를 해결할 수 있는 능력을 갖추게 된다. 즉 초등학교 4학년 정도 되면 어느 정도 자신의 소지품과 준비물을 챙길 수 있다. 이러한 일련의 능력을 실행 능력이라고 하는데, 실행 능력은 단기 기억력의 일종으로 동시 작업 능력이 요구되는 일이다.

물론 그렇다고 해서 아이가 4학년이 될 때까지 기다리자는 말은 아니다. 다만 준비물 챙기기라는 하나의 일을 끝내기 위해서는 계획을 세운 후, 하나씩 일을 처리하여 완수할 수 있도록 도와야 한다.

아이가 스스로 준비물을 챙기지 못한다고 해서 아이를 탓해서는 안 된다. 부모가 제 역할을 다하지 못한 탓이라며 자책할 필요도 없다. 작은 것부터 스스로 챙길 수 있도록 도와주는 것이 부모의 역할로, 지금부터 하나씩 훈련하면 된다. 어릴수록 실수는 누구나 이해하고 넘어가 줄 수 있다. 하지만 실수가 반복되고, 나이가 들어서도 지속된다면 학령기에 가져야 할 자존감과 성취감 등에 부정적인 영향을 줄 수 있다. 어렸을 때 실수도 여러 번 해보며 노력해서 성취하는 경험을 충분히 가져야 한다. 그 과정에서 칭찬과 격려를 아끼지 않고 아이가 스스로 해나갈 수 있도록 돕는 것이 부모의 역할이다.

아래는 아이가 주도적으로 일을 해내는 데 도움이 되는 몇 가지 팁이다.

책임감을 가질 수 있는 집안일을 해보도록 한다.	잠자리 정리하기, 쓰레기 분리해서 넣기, 어질러진 장난감 치우기
자기 주도 학습을 유도한다.	체크리스트를 만들어 해야 할 일, 챙겨야 하는 것들을 하나씩 확인할 수 있도록 연습하기
체계적이고 반복적으로 수행하도록 한다.	한 번에 여러 가지 일을 시키는 대신 한 가지가 숙달되어 익숙해지면, 일주일에 하나씩, 한 달에 하나씩 해야 할 일을 추가하여 반복하기

계획한 대로 척척 원활하게 되지 않는 것은 당연하다. 아직 훈련 중이기 때문이다. 그렇다고 해서 아이를 혼내면 아이도 '나는 왜 이럴까?'라고 속상해하며 자존감이 떨어질 수 있기 때문에 다음과 같은 말을 해주면 좋다.

"누구도 모든 걸 잘할 수 있게 태어나지 않아. 잘 못하거나 안 되는 것은 여러 번 연습하고 노력을 하면서 좋아질 수 있어. 처음에 잘 못했어도 계속 반복해서 노력하면 놀랍게도 제일 잘하는 것으로 변하기도 해."

"원래 처음부터 잘할 수는 없어. 나이가 한 살씩 먹으면, 새롭게 익혀야 하는 것들이 생겨. 혼자 해내야 하는 것들이 늘어나니까 연습하고 익혀야 할 것이 많아. 좋은 기회로 삼아서 한번 물건을 잘 챙기는 연습을 해보자."

친구가 없으면 어떡하지?
: 새학기를 앞두고 불안한 아이

"아이가 유치원에 다닐 때도 적응하는 데 시간이 걸렸는데, 초등학교 입학을 앞두고는 자기 전에 계속 물어봐요. 학교가 좋은 곳인지, 선생님은 어떤 분인지, 친구가 없으면 어떡하냐고 물으며 잠을 못 자고 자다가도 새벽에 깨더라고요. 어떻게 해야 학교생활에 잘 적응하도록 도와줄 수 있을까요? 유치원에 적응할 때 힘들어하는 모습을 봐서 그런지 더 불안하고 고민이 돼요."

새로운 환경에 적응할 때 정도의 차이는 있지만 많은 아이가 스트레스를 받는다. 친구를 사귀는 것에 대한 걱정은 부모나 아이나 마찬가지다. 낯선 공간에 낯선 규칙, 낯선 친구들을 스무 명 이상 만나는 곳이 학교다 보니 설렘 반 걱정 반이다. 최근에는 코로나19 때문에 마스크를 쓰고 눈만 보이는 상황에서 선생님과 친구들을 만나니 불안은 더 커질 수밖에 없다.

환경이 변화하고 친한 친구들과 헤어져 다시 누군가를 사귀어야 한다는 것 자체가 스트레스다. 낯가림이 심한 아이에게는 또래 관계를 맺는 것이 큰 숙제처럼 다가오기도 하고, 부모와 떨어지는 것에 불안을 느끼기도 한다. 새학기에 마음이 맞는 그룹에 속하지 못해 괴로워하는 경우도 많다. 그룹에 속하지 못하면 밥을 먹을 때도, 그룹 숙제를 할 때도 힘들어진다. 그래서 아이는 부모에게 몇 번씩 물어보며 확인하고 싶다.

새로운 환경을 걱정하는 아이의 속마음

아는 친구가 없을까 봐 걱정하는 데는 다양한 이유가 있을 수 있다. 그중에서 크게 세 가지로 나누어보면, 첫 번째는 잘 해내고 싶은 마음이 큰 경우, 두 번째 소심하고 낯가림이 심한 경우, 세 번째는 과거 또래 관계에서 힘들었던 경험이 있는 경우일 수 있다. 이런 이유로 아이들은 불안과 긴장, 두려움, 우울함 등 심리적인 어려움을 겪을 뿐만 아니라 배나 머리가 아프다는 등의 신체화 증상까지 보이기도 한다.

선생님 말씀도 잘 들어야겠고, 친구들과도 잘 지내고 싶고, 잘 해내고 싶은 마음은 큰데 잘못할까 봐 걱정이 돼요. 새로운 환경에 눈치 보이고 긴장이 되어서 배가 아프고, 머리가 아파요. 학교가 무서워서 나도 모르게 눈물도 나오고 학교에 가기 싫은 마음이 생겨요.

처음이 어려운 아이를 도와주는 법

단순히 "걱정하지 마. 친구는 사귈 수 있어"라고 용기와 격려의 말을 건네는 것만으로 아이의 걱정이 해소되거나 불안했던 마음이 편해지지는 않는다. 섬세하고 구체적인 도움이 필요하다.

첫 번째, 걱정과 불안이 높은 아이일수록 미리 적응할 수 있도록 연습해 본다.

아이와 함께 제시간에 자고 일어나는 습관을 기르고, 등교 시간에 맞추어 씻고 밥 먹을 수 있도록 준비해 본다. 가능하다면 어린이집이나 학교, 교실 등 새로 가게 될 공간을 미리 눈으로 보고 확인하는 것도 도움이 된다. 만약에 미리 교실을 보기 어렵다면, 유튜브와 같은 미디어를 활용하여 간접적으로나마 미리 구경하는 것도 좋다.

두 번째, 좋은 기억을 불러일으키는 대화를 나누어 긴장도를 낮춘다.

아이들이 부모와 떨어지며 불안해하는 것은 자연스러운 일로, 어린이집과 유치원에서 그랬던 것처럼 적응이 되면 저절로 사라질 수 있다. 이때 아이들에게 다음과 같이 물으면 좋다.

" 유치원에서 선생님과 친구들과 했던 활동 중 제일 기억에 남고 좋았던 것이 뭐야?"
" 학교 가면 어떤 선생님과 친구들이 있을지 상상해 볼까?"
" 학교에 가면 어떤 일이 일어날 것 같아?"
" 걱정되는 것들이 있을까? 그럴 때는 어떻게 하면 좋을까?
" 학교 가면 제일 원하는 것이 뭐야?"
" 화장실에 가고 싶으면 어떻게 해야 할까?"

아이에게 학교는 즐겁고 재미있는 곳이라는 인상을 심어주는 것이 중요하다. 무엇보다 부모가 따뜻한 말과 섬세한 배려를 보여주어야 한다. 특히 첫날에 좋은 경험을 하게 되면 아이의 긴장도도 내려간다. 새학기가 시작되고 첫 2주 동안에는 아이가 잘 적응할 수 있도록 학교생활과 관련한 질문도 많이 하면서, 부모가 언제나 아이에게 관심을 가지고 있다는 사실을 알려주어야 한다.

세 번째, 아이의 적응 과정을 관찰한다.

불안과 낯가림이 심한 아이라면 적응 과정을 관찰해 원인을 파악하고 해결해 나가는 것이 중요하다. 긴장하면 화장실에 자주 가는 아이도 있는데, 실수를 할 수도 있기 때문에 이럴 때는 미리 담임 선생님에게 이야기해 두는 것도 좋다.

아래는 아이가 적응 과정에서 불안을 느끼고 있다는 신호들이다. 부모는 아이의 신호를 가장 먼저 눈치 채고, 아이의 마음을 헤아려 주어야 한다.

- ☐ 배나 머리가 아프거나, 가슴이 답답하다고 한다.
- ☐ 밥을 잘 안 먹거나 이유 없이 짜증을 낸다.
- ☐ 잠을 푹 못 잔다.
- ☐ 말수가 줄고 쉽게 피곤해한다.
- ☐ 학교에 가기 싫다고 말한다.
- ☐ 소변을 자주 보러 가거나 변비가 심해진다.

네 번째, 아이의 고민에 귀 기울이고 소통한다.

어떤 선생님을 만날까? 무서우실까? 어떤 친구들을 사귈 수 있을까? 친한 친구가 같은 반일까? 친하게 지낼 친구가 없으면 어떡하지?

아이들에게는 말 못 할 고민들이 많다. 학교생활이 두렵고 적응이 어려운 아이들에게 "쓸데없는 일에 신경 쓰지 말아라" "공부만 열심히 하면 다 해결된다"와 같이 일방적인 충고를 건네거나 부담을 주면, 아이들은 내 편이 없고 이해받지 못하고 있다고 느낀다. 반면 자신을 이해하고 격려해 주며 위로해 주는 사람이 한 명이라도 있다면 어려움을 헤쳐나갈 수 있다.

부모 중에는 어렸을 때 즐겁게 학교생활을 했던 자신의 경험에 비추어 "학교가 얼마나 재미있는 곳인데 왜 그래?"라고 가볍게 이야기하는 이들도 있는데, 걱정과 불안이 많은 아이에게 이런 말은 도움이 되지 않는다. 새로운 환경과 마주했을 때 두려움을 느끼고 낯선 사람과 만나는 것이 걱정되는 것은 당연하다는 사실을 설명해 주어야 한다. 부모 또한 어린 시절 새학기 때 긴장이 되었다거나 직장에 처음 출근했을 때 걱정되고 두려웠다는 것을 솔직히 털어놓으며 동질감과 공감대를 형성하는 것도 좋은 방법이다. 새로운 환경에 불안해하는 아이들에게 가장 좋은 해결책은 불안감에 대해서 같이 이야기를 나누고 마음을 표현하도록 하는 것이기 때문이다.

"그래, 좀 불안할 수 있어. 새로운 곳에 가면 아빠도 약간 긴장이 되거든. 너는 어떻게 긴장이 되는 것 같아? 아빠는 좀 목에 힘이 들어가고 그러던데."

"난 다리가 좀 후들거려."

"그럴 수 있어. 혹시 긴장을 푸는 너만의 방법이 있니?"

아이의 마음을 읽어주고, 충분히 긴장할 수 있으며 다른 사람들도 그런 마음이 든다는 사실을 알려주자. 자신만 그런 것이 아니라는 사실을 알 때, 아이는 마음이 놓이며 긴장감을 풀 수 있는 끈을 잡게 된다. 그리고 비로소 긴장을 푸는 자신만의 방법을 찾을 수 있게 된다.

아이와 마주 보며 아이의 이야기를 잘 들어주기만 해도 불안한 마음이 많이 줄어든다. 긴장도가 높아질 때를 대비하여, 아이와 함께 진정할 수 있도록 숨 고르기 연습을 하는 것도 좋다. 아이와 손을 맞잡고 숨을 열 번 정도 크게 들이쉬었다가 내쉬는 것을 연습해 보자.

이거 해도 돼요? 먹어도 돼요? 놀아도 돼요?
: 거듭 확인하는 아이

"저 화장실 다녀와도 돼요?" "저 간식 먹어도 돼요?" "저 놀아도 돼요?"…. 정말 별것을 다 물어보는 아이들이 있다. 처음에는 잘 대답해 주었지만, 뭔가를 할 때마다 일일이 물어보니 어느 순간부터는 "알아서 해" "물어보지 말고 그냥 해" "너는 참 쓸데없이 왜 그런 걸 물어봐? 그냥 하면 되지"라는 말들이 툭 튀어나온다.

일상에서 반복하여 질문을 던지는 아이들은 부모의 허락 없이 결정하고 선택하는 것을 어려워하며 부모에게 의존하는 것처럼 보인다. 보통 초등학교 저학년까지는 계속해서 확인하려고 하는 아이의 질문에 귀찮아하지 않고 친절하게 대답해 준다. 문제는 아이가 초등학교 고학년이 되고 중학생이 되었는데도 질문의 내용만 달라졌을 뿐, 스스로 결정이나 선택을 내리지 못하고 꼬리에 꼬리를 무는 질문을 계속해서 이어가는 경우다. 성장하면서 질문을 던지는 대상도 넓어져 부모님과 선생님, 친구들뿐만 아니라 인터넷 사이트에 질문을 남겨 확인을 받기도 한다.

아이들은 부모가 "알아서 해"라고 대꾸하면 더 불안해하며 질문을 반복한다. 부모가 아무런 대꾸가 없으면 대답할 때까지 질문을 던진다. 부모 중 한 명이 "그래"라고 대답해 주어야 아이는 화장실도 가고, 간식도 먹고, 놀기도 한다.

확인 질문을 많이 하는 아이들은 자기 스스로 결정하거나 선택하지 못하는 것처럼 보이지만 사실 이미 답을 가지고 있는 경우가 대부분이다. 단지 다른 사람의 생각을 확인하고, 일을 안전하고 성실하게 해내고 싶어 질문하는 것이다. 자세히 들여다보면 아이 스스로 체크리스트를 만들어 공부를 하거나, 누가 시키지 않아도 알아서 준비물을 챙기는 등 잘 해내는 것들도 많다.

주변에서는 양육 과정에서 과잉보호를 한 것 아니냐고 묻기도 하고, 부모 스스로도 지나치게 아이의 일에 간섭하여 자율성이 발달하지 못한 것은 아닌가 자책하기도 한다. 하지만 여기에는 기질적인 특성도 크다. 특별히 부모가 의존적으로 키우거나 허락을 받으라고 말하지 않았는데도, 안전과 성실이라는 가치를 중요시하는 성향 때문에 그럴 수 있는 것이다.

확인 질문을 하는 아이의 속마음

부모가 볼 때는 소소한 질문들인데 아이는 왜 무엇인가를 할 때마다 확인받아야 하는 것처럼 질문하는 것일까? 이는 불안을 가라앉히고, 행동을 하거나 결정을 내리기 전에 안정감을 느끼기 위해서다. 혹은 확인하거나 허락을 받는 질문 자체가 부모와 대화하는 방법이자 관계를 맺는 법인 경우도 많다. 화장실에 가도 되는지, 책을 읽어도 되는지, 간식을 먹어도 되는지, 무엇이든 부모에게 물어보며 대화하는 방식으로 질문을 하는 것이다.

따라서 아이의 속마음을 질문하는 이유에 따라 나누어 살펴보는 것이 도움이 된다. 우선 소통의 방법으로 질문하는 아이가 있다.

엄마와 대화하고 싶어요. 제가 무엇을 해야 할지 몰라서가 아니라, 엄마와 이야기하면서 함께하고 싶어서 물어보는 거예요.

이런 아이들은 사실 혼자서 화장실에 가거나, 간식을 먹거나, 어떻게 놀지를 스스로 선택할 수 있다. 그러니 이럴 때는 부모와 대화를 나누고 싶은 아이의 마음을 헤아려주어야 한다.

반면 정말 문제가 생길까 봐 걱정돼서 질문하는 아이도 있다.

아빠에게 물어보지 않고 내 마음대로 하다가 문제가 생기면 어쩌나 걱정돼요. 어떨 때는 허락을 받아야 하고, 어떨 때는 스스로 결정해도 되는지를 잘 모르겠어요.

이런 아이들은 부모에게 잘 보이고 싶어 하나부터 열까지 다 물어보게 된다. 확인 질문을 해야 부모의 마음도, 자신의 마음도 편할 것이라 생각한다.

아이가 스스로 선택할 수 있도록 돕는 법

무한히 반복되는 아이의 질문에 짜증이 나면 부모는 "그런 걸 왜 물어보니? 혼자 알아서 좀 해"라고 말하게 될 것이다. 일관성 없는 양육 태도를 가진 경우에는 그러다가도 "왜 물어보지 않고 네 마음대로 했어?"라고 아이를 탓할 수도 있다.

부모에게 어디까지 허락을 받아야 하는지 분명한 선을 모르는 아이에게 면박을 주면 아이는 당황스럽다. 아이가 물어보지 않아도 될 일을 물어볼 때는 친절하게 대답해 주면 된다. 아이가 스스로 할 수 있는 것을 언급해 주는 것만으로 아이는 안정감을 느낀다. 아래와 같은 방식으로 표현하며 대화할 수 있을 것이다.

"다녀와. 다음부터는 화장실 정도는 네가 결정해서 다녀와도 된단다."

상황에 따라 아래의 방법을 적용해 볼 수도 있다.

첫 번째, 아이에게 역으로 질문을 건넨다.

"너는 어떻게 하는 것이 좋아?"
"간식으로 무엇을 먹고 싶어?"
"무슨 놀이 하고 싶어?"

아이가 부모와 대화하고 싶은 마음에 질문을 많이 하는 날에는 "그래"라고 단답형으로 대답하기보다 거꾸로 아이에게 질문을 하는 것이 좋다. 그러면 아이는 부모와 대화하고 싶었던 욕구를 충족하는 동시에 결정권과 선택권도 가질 수 있다.

두 번째, 마인드맵을 활용한다.

아이가 불안하여 질문이 많아지는 날에는 마인드맵처럼 종이에 글씨를 적으면서 대화해 본다. 아이가 글씨를 아는 나이라면 글씨로, 아직 글씨를 모른다면 간단한 그림으로 그려가면서 눈으로 보여주는 것이 좋다. 부모와 아이가 함께 확인하고 싶은 것, 선택에 대한 고민과 걱정을 종이에 적어본다. 그러면 고민이나 걱정의 근원이 무엇인지, 고민이 실제로 일어날 가능성과 예측할 수 있는 결과 등을 눈으로 확인할 수 있고 아이는 부모와 대화하면서 불안을 가라앉히게 된다.

세 번째, 아이를 믿어준다.

확인 질문을 하는 아이들은 대체로 부모에게 성실한 모습으로 신뢰를 주고 싶어 하기 때문에 아이의 선택을 충분히 응원하고 격려해 주어야 한다. 아이의 선택을 믿어줄 때, 아이는 비로소 스스로 할 수 있다는 자신감을 가지면서 불안을 떨쳐내고 안정감을 가지게 된다.

아래의 문장을 되뇌어 보자.

"네가 어떠한 결정을 하더라도 엄마는 너의 선택과 너를 믿어."

너는 어떻게
하는 게 좋아?

동생과 시소 놀이를
하면 어떨까?

나는
퍼즐 놀이를
했으면 좋겠어.

지난번에 장난감 사주기로 했는데, 언제 사줘요?

: 약속에 민감한 아이

"아빠, 장난감 사는 것 잊었어요? 언제 사줘요? 지난번에 사준다고 했잖아요."

"아빠가 너 밥 잘 먹고, 이 잘 닦고, 자야 할 시간에 자야 사준다고 했잖아. 네가 약속을 안 지키면 아빠도 장난감 사준다는 약속을 지킬 수 없어."

상담이 끝난 5세 아이가 대기실에 있는 아빠에게 가서 말한다. 아빠가 몇 주 전 장난감 사주기로 약속을 하면서 센터에 왔었는데, 아이가 그걸 기억하고 이야기한 것이다.

부모로서 약속을 지키라고 가르치는 것은 중요하다. 하지만 부모가 제시한 조건을 지켜야 장난감을 받을 수 있는 조건부 약속이라면, 아이가 약속을 지킬 가능성이 얼마나 될까?

약속을 중요시하는 아이의 속마음을 들여다보기 전에 약속을 하는 부모의 속마음은 무엇일까? 대부분은 아이가 어떠한 행동을 해야만 장난감과 같은 보상물을 제공하겠다는 약속을 하곤 한다.

밥을 다 먹으면, 동생과 싸우지 않으면, 장난감을 정리하면, 게임을 지금 끄면, 숙제를 다 하면…. 보통 약속을 할 때는 많은 조건이 붙는다. 그리고 아이가 조건을 모두 충족해야 비로소 보상이 제공된다. 그렇다면 부모가 약속의 힘을 빌려 아이를 통제하려고 했던 것은 아닌지 스스로 돌아볼 필요가 있다. 솔직하게 대답해 보자. 자신이 원하는 대로 아이가 행동하도록 하기 위해 조건을 내걸고 보상을 약속하지는 않았는가?

약속을 기억하는 아이의 속마음

부모가 조건을 내걸고 하는 약속은 안타깝게도 지키기 쉽지 않은 것들이 대부분이다. 부모는 아이가 약속을 어길 때마다 "너 약속했는데 안 지켰잖아"라고 말하게 된다. 부모의 반복적인 지적을 들으며 아이는 자신을 '못 해내는 사람'이라고 인식하게 된다. 그러면 입이 닫히고 마음도 닫힌다.

제가 노력해도 안 되는 일이에요. 저는 약속을 지키고 싶은데 잘 안 돼요. 너무 어려워요. 이제 아빠가 사준다고 해도 믿을 수 없어요.

조건이 달린 약속은 아이들에게 좌절감을 경험하게 한다. 부모는 의도하지 않았겠지만, 아이의 성취감과 만족감은 자연스럽게 낮아진다.

아이와 약속 잘하는 법

아이에게 어떤 행동을 하거나 하지 못하게 하려면, 약속을 하는 것보다 해야 하는 것과 해선 안 되는 것을 분명히 가르쳐주는 것이 좋다.

예를 들어, 약속을 했다면 "지난번에 동생과 싸우지 않기로 약속했잖아. 그런데 왜 또 동생하고 장난감 가지고 싸우는 거야?"와 같이 약속을 지키지 못한 것을 강조하게 될 것이다. 하지만 서로 때리거나 밀치면 안 된다는 것을 배우게 하기 위해서는 다음과 같이 말하는 것이 적절하다.

"화가 나도 동생을 밀치거나 때리면 안 돼. 불편하고 기분이 나쁘다면 말로 해야 해. 계속 이렇게 싸운다면 오늘은 더 함께 놀기 어려워. 다음에 다시 놀자."

그렇다면 아이와 더 좋은 관계를 맺기 위해서는 어떠한 방식으로 약속을 해야 할까? 그러기 위해 보상을 잘 활용할 수 있는 세 가지의 기준을 살펴보자.

첫 번째, 보상의 목적은 보상 자체가 아니라 아이의 성장을 위한 것이어야 한다.

보상이 부모가 편하자고 아이를 조정하고 통제하기 위한 것인지, 진짜 아이를 위한 것인지 판단해야 한다. 보상의 목적을 어디에 두느냐가 좋은 보상의 기준이 될 수 있다. 부모의 의도대로 아이를 움직이게 하기 위한 보상이라면 아이를 통제하기 위한 수단에 불과하다. 이런 보상은 하지 않느니만 못한 결과를 낳기도 한다.

보상은 아이가 약속을 지키도록 동기를 부여하면서도 자존감과 책임감을 길러주기 위한 것이어야 한다. 아이에게 어떤 행동에 대한 동기를 부여하고 성취감과 만족감을 느끼도록 하는 것은 아이의 발달에 긍정적인 영향을 미친다. 보상은 특히 책임감을 가르쳐줄 때 사용하면 좋다. 손 씻기, 양치질하기 등 시기별로 아이가 해야 하는 일을 성공적으로 수행했을 때 적절한 보상을 제공한다면, 아이는 건강하게 자존감을 기를 수 있다.

두 번째, 물질적인 보상보다 사회적 보상을 해준다.

장난감과 같은 물질적인 보상보다는 소통과 행동이 주가 되는 사회적 보상이 좋다. 가족 혹은 친구와 무엇을 하고 싶은지 물어보면서 사회적 보상을 해주도록 하자. 사회적 보상에는 공원에 산책 가기, 부모 중 한 명과 일대일 데이트하기, 서점에서 책 사기, 친구와 키즈 카페 가기, 친구와 놀기, 동물원 가기, 물놀이 하기, 보드게임 하기, 동화책 읽어주기 등 다양한 활동이 있다.

"아빠와 무엇을 같이 하면 좋겠어?"
"친구와 무엇을 해보고 싶어?"

위와 같이 질문하며, 아이가 원하는 사회적 보상을 해주자.

세 번째, 보상은 기한을 정하고 반드시 지켜야 한다.

아이와 목표를 설정하고 보상을 약속했다면, 부모와 아이 모두 약속은 지켜야 한다는 사실을 명확하게 인지해야 한다. 이때 부모는 보상에 대해 기한을 정해야 한다. 그래야 아이는 부모가 자신과의 약속을 지키려 한다고 생각하여 만족감을 느낀다.

아이가 약속을 지키지 않았음에도 '이 정도만 해도 괜찮다' 혹은 '다음번에 더 잘하라'는 의미로 상을 주게 된다면, 그다음 목표를 이루기 위해 노력을 하지 않는 역효과를 가져온다. 이럴 때는 보상을 주기보다는 격려를 해주어야 한다.

무엇보다 부모가 먼저 성실하게 약속을 지키는 것이 중요하다. 약속이라는 것은 지금이 아니라 앞으로의 일이기 때문에 "다음에" "다음 번에" "다음 주에"라고 말하며 실행을 미루기 쉽다. 약속을 쉽게 남발하면서 바쁘거나 당장에 꼭 해야 하는 일이 생겨서 등 지극히 부모 입장만 고려하는 다양한 변명을 내세우며 지키지 않거나 아이들이 약속한 것을 지키라고 말하면 "지금 놀러갈 때니" "엄마 아빠 바쁜 것 안 보이니" "너는 약속은 안 지키면서 꼭 이런 것만 기억하더라"라고 도리어 화를 내기도 한다.

아이가 장난감을 사달라고 떼를 부리거나 해서 순간적으로 그 상황을 모면하려고 약속을 하는 것은 좋지 않다. 의미가 없는 약속이니 잊기도 쉽고 잘 지키지 않게 된다. 아이는 자신과의 약속을 잘 잊는 부모를 보면 부모에 대한 신뢰를 잃을 수 있다.

만약 아이와의 약속을 기억하지 못했다면, 가볍게 상황을 모면하려 하기보다 솔직하게 털어놓고 사과해야 한다. 아이와의 관계에서 신뢰를 지키는 것은 매우 중요한 일이기 때문이다.

"미안해, 아빠가 깜박했어. 정말 미안해."

부모가 아이와 약속을 잘 지키는 것은 크게 아래의 세 가지 측면에서 긍정적이다.

첫 번째, 아이에게 약속은 지키는 것이라는 가치관을 가지게 한다.

약속을 지키는 것이 중요하다고 말로 설명하는 것보다 부모가 약속을 지키는 것을 볼 때, 아이는 '아, 약속은 중요하구나'라고 직접 깨닫게 된다. 이렇게 몸으로 체득한 기억은 아이의 가치관을 형성하는 데 중요한 영향을 미친다.

두 번째, 아이가 정서적 안정감을 느끼도록 할 수 있다.

약속을 지키는 부모의 태도에서 아이는 정서적 안정감을 느끼며 타인에 대해서도 긍정적인 시각을 가진다. 이는 결과적으로는 관계에 대한 불안감을 줄이는 효과를 낳는다. 소중한 사람에게 받는 소중한 배려는 자신을 소중하게 느끼게 하기 때문이다.

세 번째, 부모와 신뢰 관계를 형성한다.

신뢰로 맺은 관계가 특히 빛을 발할 때가 사춘기다. 아이와 여러 방면에서 부딪히고 서로 의견이 다르다 할지라도 부모와 쌓은 신뢰는 한순간에 무너지지 않는다. 그만큼 신뢰는 단기간에 얻어지지 않는 것이기도 하다. 신뢰는 서로 약속을 지키려고 노력하는 과정에서 생기는 것으로, 향후 모든 관계의 밑바탕이 된다.

02

탐구의 언어로 말하는 아이에게

문제 해결 능력을 높여주는 창조적 경청법

이건 뭐예요?
저건 또 뭐예요?
왜 그런 거예요?

서툰 말 속에 숨은 아이의 진짜 속마음

"제가 알고 있는 것이
맞는지 확인하고
싶어요."

"제가 질문하면
엄마가 저를 쳐다보며
눈도 맞춰주고
친절하게 대답해
주셔서 좋아요."

"제가 질문할 때
누구보다 엄마 아빠가
답을 제일
잘해주실 것 같아요."

짧은 거리인데도 아이가 "퀴즈 하면서 가자"라고 하는 것이 때로는 귀찮게 느껴진다. "이거 뭔 줄 알아?" "이건 뭐예요?" "왜 그런 거예요?"라고 끊임없이 물어 당혹스러울 때도 있다. 친구들과 함께 놀기보다 "나 혼자서 놀고 싶은데"라며 혼자만의 시간에 빠지고, "모르는 사람에게 인사하기 싫어"라며 낯선 사람에게 거리를 두고 수줍어하는 아이가 걱정스럽기도 하다.

주변을 관찰하길 즐기고 모르는 것에 대해 질문하는 아이들은 알고자 하는 욕구가 강하다. 궁금한 것에 대해 더 잘 알기 위해 정보를 검색하거나 관심 있는 주제와 관련된 책을 찾아 읽고, 공부하며 깊게 몰두하는 경향이 있다. 그리고 논리적으로 자신의 생각을 전개하는 것을 즐긴다.

이러한 아이들은 사람보다는 곤충과 동물, 사물에 관심이 많다. 놀이를 할 때도 상호작용이 필요한 놀이보다는 지적 호기심을 채워주는 놀이를 더 좋아한다. 먼저 친구들에게 다가가지 않는 편이라 친구를 사귀는 데 다소 미숙하다고 느껴질 수도 있다. 하지만 친구들과 함께 있는 것보다 혼자서 관심 있는 분야에 파고드는 것을 좋아하기 때문이다.

친구가 많지 않은 대신 한 번 친구를 사귀면 충실하고 깊은 관계를 이어간다. 다만 말을 많이 하지 않아 사교성이 다소 부족해 보이고 아이도 스트레스를 받는다. 다양한 친구들과 어울리는 경험을 쌓는 것이 도움이 되는데, 초등학교 고학년이 되면 동아리에 가입하여 관심사가 같은 친구들과 어울리는 것도 좋은 방법이다.

몇 가지 질문을 통해 아이만의 고유한 탐구의 언어를 확인해 볼 수 있다. 어떠한 탐구의 언어로 대화하길 원하는지 아이에게 직접 물어보자.

- 무슨 생각 많이 해?
- 제일 궁금하거나 알고 싶은 게 뭐야?
- 어떤 책이 재미있어?
- 알고 싶고 궁금한 마음이 1에서 10까지 중 얼마만큼이야?

새로운 지식을 얻기 위해 하는 모든 과학적인 사고 과정을 탐구라고 한다. 모든 아이들은 호기심을 해소하기 위해 능동적으로 탐색한다. 주변 환경으로부터 지식을 습득하고, 구체적인 경험을 통해 정보를 얻으며 스스로 문제를 해결하는 능력을 키운다. 취학 이전의 아동을 대상으로 한 표준 교육 내용인 누리과정에도 '탐구 과정 즐기기'와 '생활 속에서 탐구하기'가 포함되어 있다. 아이가 주변 세계와 자연에 대해 지속적으로 호기심을 가지고, 스스로 여러 가지 방법으로 탐구하며 서로 다른 생각에 관심을 갖는 것은 매우 중요한 일이다.

2~6세는 질문 연령으로 호기심을 해소하기 위해 질문을 사용한다. 발달 심리학자들은 끊임없이 질문하는 유아기를 '질문의 홍수기'라고 표현한다. 아이들이 질문하는 이유는 능동적으로 주변을 탐색하며 지적 호기심과 인지적 욕구가 발생하기 때문이다.

대표적인 발달 심리학자인 장 피아제Jean Piaget는 아이가 낯선 사물이나 상황을 접할 때 상황에 자신을 맞추거나 자신에 상황을 맞추게 되는데, 이때 발생하는 불균형 상태로 인해 호기심이 생기고 질문을 하게 된다고 이야기했다. 피아제는 또한 아이의 사고와 언어의 관계성을 강조했고, 그중에서도 자발적인 질문은 아이의 논리적 사고를 이해하기 위한 주요 매개체라고 지적했다.

아이의 질문에는 아이가 지금 느끼는 흥미와 호기심뿐만 아니라 현재 겪고 있는 어려움까지 반영되어 있어 아이의 마음을 들여다보고 적절하게 도와줄 수 있는 안내자 역할을 한다. 덧붙여 아이는 질문을 함으로써 언어 능력, 인지 능력, 문제 해결 능력, 창의성 등을 키우며 지적, 정서적으로 발달한다.

그런데 부모는 아이의 질문에 귀찮아하며 반응하지 않거나 적당히 얼버무리곤 한다. 질문을 많이 하는 날에는 일일이 대답해 주다가 "이제 그만"이라고 말할 때도 있다. 아이에게 지시하는 말은 많이 하면서 정작 아이의 말과 질문을 들어주는 데는 인색할 때가 많다.

하지만 아이가 질문하는 순간은 배울 수 있는 최상의 기회이며, 질문에 적절하게 반응하는 것은 가르칠 수 있는 최상의 방법이다. 부모가 아이의 질문에 관심을 가지고 성의 있게 반응하면 아이는 흥미를 가지고 주체적으로 학습할 수 있다. 부모가 아이의 질문을 격려하고 민감하게 반응해 주는 것은 매우 중요하다.

아이들의 질문은 크게 인간 생활에 대한 것, 인공물에 대한 것, 글과 어휘에 대한 것, 수나 양에 대한 것, 자연현상에 대한 것, 생물에 대한 것으로 나눌 수 있다. 특히 식물보다 동물에 대한 궁금증이 더 많은데, 정적인 것보다 동적인 것에 더 흥미와 관심을 가지기 때문이다. 아이들이 동물의 이름과 먹이, 움직임과 생김새에 관심을 가지는 경우를 많이 봐왔을 것이다.

아이들의 질문 영역	아이들의 질문 주제
인간 생활	성, 신체, 생활 문제
자연현상	기상, 지구 및 우주, 물리적 현상, 화학적 현상, 물질
인공물	학용품, 의류, 음식
생활용품	텔레비전, 전화, 시계, 우주선과 같은 기계
글과 어휘	글자, 단어
수와 양	시간, 돈, 숫자
생물	동물, 식물

탐구의 언어로 말하는 아이들은 새로운 지식을 얻을 때 즐거워한다. 세상에 대해 궁금한 것, 알고자 하는 것에 대해 끊임없이 질문하고 답을 추구한다. 특히 세상에 대한 경험이 적은 영유아기는 자연과 물리적 세계에서 일어나는 일들을 생소하고 경이롭게 받아들이고 활발하게 질문하는 시기다. 아이들이 사용하는 탐구의 언어를 이해하고 속마음을 잘 살펴봐 주는 것은 앞으로 아이들이 다양한 상황에 잘 대처하기 위한 밑거름이 된다.

퀴즈 하면서 가요!
: 답을 맞히고 싶은 아이

어린이집 가는 길에 "퀴즈 하면서 가자!"라고 아이가 말한다.

"엄마, 퀴즈 맞혀봐. 이것은 무엇일까요? 이것은 다리가 네 개입니다. 작고 꼬리가 줄무늬입니다."

"음, 다람쥐."

"엄마, 나한테도 퀴즈 백 개 내줘!"

다양한 퀴즈를 내면서 오가는 길이 아이는 신난다. 심지어는 자기 전에도 퀴즈 놀이를 하고 싶어 한다. 영유아기의 아이들은 부모가 문제를 내면 맞히는 것을 좋아한다. 초등학교에 가서도 속담이나 사자성어를 퀴즈 형식으로 배울 때 더 재미있어한다. 공부할 때도 문제집을 푸는 것보다 퀴즈처럼 문제를 내주면 더 집중한다.

사실 퀴즈를 맞히는 것은 아이들뿐만 아니라 어른들도 좋아하는 일이다. 라디오에서도 퀴즈를 내면 청취자들의 참여가 높아진다. tvN의 〈문제적 남자〉는 뇌를 자극하는 신개념 퀴즈로 많은 시청자들의 호응을 얻었다. 대표적인 퀴즈 프로그램인 〈우리말 겨루기〉와 〈장학 퀴즈〉는 꾸준한 인기를 누리고 있다.

퀴즈 놀이는 아이가 말을 배우고 사물을 하나씩 알아갈 때부터 시작된다. 아이는 "이건 뭐야?"라고 물으며 새롭게 익히는 경험을 하고, 부모들도 아이가 아는지 확인하기 위해 "이건 뭐야?"라고 퀴즈처럼 질문한다. 주로 3~4세 때는 동물과 사물에 대한 퀴즈를, 5~7세 때는 다섯 고개 놀이를, 7세 이상이 되면 초성 퀴즈 등을 하며 언어와 인지 발달을 이루어나간다. 초등학생이 되면 수수께끼 혹은 넌센스 퀴즈로 넘어가, 보다 추상적인 개념과 관련된 문제에 관심을 가지기 시작한다.

퀴즈를 맞히고 싶은 아이의 속마음

사람은 기본적으로 새로운 문제에 흥미를 느끼며, 그 문제를 해결하고자 하는 욕구를 지닌다. 그리고 이러한 과정에서 추론과 문제 해결 능력이 높아진다. 문제를 해결할 때마다 아이는 자신감을 가지고 끈기 있게 새로운 과제에 도전하는 동기를 얻게 된다. 아이의 문제 해결 능력을 높여주고 싶다면 아이가 어릴 때부터 자연스럽게 호기심을 가지고 관찰할 수 있도록 도와주는 것이 좋다.

부모에게 퀴즈를 내보라고 하는 아이는 스스로를 뿌듯하게 생각한다.

엄마, 내가 얼마나 잘 아는지 봐요. 나는 잘 맞힐 수 있어요. 저 정말 잘하죠?

퀴즈의 정답을 맞혔을 때 부모가 주는 긍정적인 피드백은 아이의 기쁨과 성취감, 자신감을 강화한다.

"딩동댕. 오호, 잘하는데. 이것도 알아? 멋진데. 어떻게 알았어? 어디에서 배웠어?"

그러니 아이들 입장에서는 "엄마, 퀴즈 백 개 내줘!"라는 말이 나오는 것이다.

퀴즈 잘 활용하는 법

아이들의 질문을 무작정 귀찮아하지 말고, 퀴즈를 적절하게 활용할 수 있는 방법을 생각해 보자. 아이의 문제 해결 능력을 키워줄 뿐만 아니라, 아이와 좋은 관계를 만들어나가는 디딤돌이 될 수도 있다.

첫 번째, 주입식 교육보다 퀴즈가 창의적이다.

영국의 옥스퍼드대학교와 케임브리지대학교는 신입생을 뽑을 때 기상천외한 질문을 하는 것으로 유명하다. 현실적인 질문에서부터 철학적이고 추상적인 질문까지 인터뷰에 포함된다. 단순히 암기나 교과서 공부를 잘한 것이 아니라, 기본 지식을 잘 활용하여 창의적인 대답을 해야 입학 허가를 받을 수 있다. 창의적인 사고는 단순히 지식을 암기하는 것이 아니라 새로운 방식으로 생각하고 답해보는 경험을 반복하며 생겨난다.

사실 암기나 교과서 공부에서도 Q&A 형식의 문제나 스피드 퀴즈, 스무고개 퀴즈 등 색다른 질문들로 접근하는 것이 효과적이다. 학습뿐만 아니라 일상에서 아이와 소통하는 데도 퀴즈가 도움이 된다. 예를 들어, "친구들과 놀다가 속상할 때 마음을 달래는 나만의 방법은?"과 같은 질문을 내고, 부모와 아이가 각자의 방식을 이야기하면 서로 어떤 방식으로 문제를 해결해 나가는지 알아볼 수 있다.

퀴즈를 내고 알아맞히는 과정이 서로에 대해 알아가는 기회가 되기도 한다. "엄마가 제일 많이 하는 말은?" "우리 가족이 화가 나면 하는 행동은?"과 같은 퀴즈식 질문으로, 가족 간 소통의 방식도 점검할 수 있다.

두 번째, 창의력과 문제 해결 능력은 스스로 질문을 만들 때 생긴다.

창의력은 어떻게 길러지는 것일까? 카이스트 바이오 및 뇌공학 소속 이광형 교수는 스스로 질문하게 만들 때 창의력이 생긴다고 말한다. 창의력이란 보통 사람들과 다르게 생각하고 행동하는 능력이다. 창의력은 타고난 것이고 학습을 통해 키울 수 없다고 생각하는 경우가 많지만, 이는 창의력의 원리를 모르기 때문에 생기는 오해다. 창의력은 아예 없는 것을 생각해 내는 것이 아니라 이미 있는 것들을 결합하거나 응용하는 과정에서 생겨난다. 축구를 잘하기 위해서는 달리기와 드리블, 패스, 슈팅 등을 훈련해야 하는 것처럼, 창의력도 책을 읽고, 생각을 많이 하고 스스로 질문하며 단련하는 것이다.

새로운 환경에 노출되지 않고 늘 같은 일을 반복하면 고착 상태에 머무르게 된다. 즉 매일 선생님은 가르치고 아이들은 듣고 알아맞히는 방식이 반복된다면 습관화되어 창의력이 생길 수 없다. 이에 반해 새로운 환경은 아이의 뇌를 자극한다. 수업을 진행하며 궁금한 것을 적극적으로 질문하도록 하는 것은 창의력과 문제 해결 능력을 키우는 중요한 요소다. 아이는 스스로 생각하며 창조적으로 문제를 해결하는 방법을 익힌다.

세 번째, 독서나 그림을 감상할 때도 퀴즈를 활용할 수 있다.

아이들과 책을 읽고 독후 활동을 하는 경우가 많은데, 이때 너무 많은 활동을 하기보다 몇 가지 질문을 하는 것이 좋다. 간단하게 주인공 이름과 사건 등을 퀴즈로 풀게만 해도 다음에 책을 읽을 때 더 집중하게 된다.

이때 답이 정해진 질문보다는 아이가 상상하도록 하는 질문이 더 좋다. 지식과 정보를 단순히 확인하는 퀴즈는 문제 해결 능력을 키우는 데 도움이 되지 않는다. 이에 반해 동화책을 읽어주다가 중간에 책을 잠시 덮고, "이후에 어떻게 하면 될까? 무슨 일이 일어날까?"와 같은 방식으로 질문하면 아이는 스스로 문제를 해결하기 위해 상상력을 발휘한다.

다시 책으로 돌아와 실제 책에서는 어떻게 이야기가 전개되는지 함께 살펴보면 아이는 자신이 말한 내용과 비슷하게 흘러가는지, 아니면 다른 내용이 펼쳐지는지 더 관심을 가지며 읽게 된다. 책을 다 읽은 후에는 뒷이야기를 상상하며 이야기를 만들어보거나, 책에 있는 사건이나 상황을 가정하여 "너라면 어떻게 할까?"라고 물어볼 수도 있다. 아이가 문제를 내고 부모가 맞혀보는 것도 좋다.

명화를 보거나 전시회에서 작품을 감상할 때도 질문을 만들어 이야기를 확장하면 좋다. "이 사람은 왜 혼자 여기 있을까?" "어디로 가는 길일까?" "지금 기분은 어떨까?" "어느 시대에 그린 그림일까?" "왜 동물들이 다 숨어있을까?" 등과 같이 질문하고 추측하며 대화를 해본다. 초등학교 고학년이 되면 작가 정보, 시대적 배경, 소속 국가 등에 대한 학습을 유도하는 방향으로 질문을 던질 수도 있다.

아이의 관찰력과 언어 능력 및 논리력, 창의력을 향상시킬 수 있는 몇 가지 질문법을 소개한다.

1. 아이의 질문에 대답해 주기보다 부모가 다시 물어보자.

"아빠, 이거 뭐야?"라는 아이의 질문에 "그건 개나리야"라고 명칭을 가르쳐 준 후 대화를 끝맺기보다 "어떻게 생긴 것 같아? 꽃 색은 어때? 무슨 이름이 어울릴까? 우리가 이름을 만들어볼까?"라고 되물으며 더 관찰하고 살펴볼 수 있도록 하고, 함께 새로운 이름도 만들어 줄 수 있다.
"작은 노란색 꽃이야. 병아리 꽃이 좋겠어."
"응, 우리 병아리 꽃이라고 불러줄까? 이 꽃은 사람들이 개나리라고 불러."
"왜?"
"사람들끼리 개나리라고 부르자고 약속을 했어."
너무 학문적으로 접근할 필요는 없지만, 아이가 궁금해한다면 추가로 정보를 검색해 꽃 이름의 어원 등과 관련해 더 많은 이야기를 들려줄 수도 있다.

2. "이것은 무엇일까요?"

길을 가다가 어떤 사물이나 물건을 보았을 때, "이것은 진달래꽃이야" "나팔꽃이야" "해바라기 꽃이야"라고 가르쳐주기보다 "이것은 무엇일까요?"라고 질문함으로써 세상에 대한 호기심을 키워줄 수 있다.

3. "왜 그럴까요?"

어떤 상황이나 문제에 직면해서 아이에게 "왜"라는 질문을 반복적으로 건네면, 아이는 스스로도 문제를 해결할 때 "왜"라고 질문하고 답을 찾는 습관을 들이게 된다. 만약 아이가 쉽사리 답을 내리지 못한다면, 아이에게 바로 대답을 해주기보다는 시간을 두고 생각하게 한다. 문제 해결 능력을 발달시키는 시작점이 되는 질문이다.

4. "네 생각은 어때?", "너는 어떻게 생각해?"

생각과 의견을 물어보는 질문을 받으면 아이는 자기 생각을 정리할 수 있다. 이런 질문을 반복하면 어느 순간 아이는 "엄마는 왜 그렇게 생각해요?"라고 되물을 것이다. 그러면서 다른 사람과 자기 생각이 다를 수 있다는 사실을 자연스럽게 받아들인다. 이러한 과정에서 사고 능력이 성장하고, 논리적인 의사소통 능력이 길러진다.

5. "어떻게 하면 좋을까?"

"아빠가 어떻게 도와주면 좋을까?" "너는 어떻게 하는 것이 좋아?"라는 질문을 통해 아이의 자율성을 길러줄 수 있다.

"아빠, 저 게임하게 해주세요."

"학교 숙제 다했어? "

"아니요."

"학교 숙제가 있는데, 어떻게 하는 것이 좋을까?"

"게임 30분만 하고 숙제하면 어떨까요?"

이럴 때 "게임 30분이면 충분할까?" 혹은 "숙제 먼저 하고 게임 30분 하는 건 어떨 것 같아?"와 같은 식으로 아이와 대화하며, 아이가 자신의 선택에 책임지도록 하는 기회를 줄 수 있다.

이건 뭔 줄 알아요?
: 지식을 뽐내는 아이

"엄마, 이건 뭔 줄 알아?"

"…."

아이들이 재미있게 가지고 노는 카드 게임이 있다. 그중에서도 포켓몬스터 카드는 아이들의 '최애' 아이템이다. 복잡하고 희한한 이름의 캐릭터가 많아 부모로서 같이 놀아주고 싶어도 함께하기가 쉽지 않다.

카드를 보여주며 아이들은 부모에게 수시로 물어본다. 그럴 때마다 잘 대답해 주고 싶어 애썼지만 쉽지 않았다. 캐릭터 특징이 정리된 도감 형식의 책까지 사서 봤지만 결과적으로는 아이의 포켓몬스터 지식만 더 쌓이게 되었다.

아이와 역할놀이를 할 때, 부모로서는 캐릭터도 너무 많고 특징을 잘 모르니 재미가 없다. 하지만 아이는 캐릭터의 능력과 특징들을 줄줄 말하며 신이 난다. 이럴 때 아이의 장단을 맞추기란 보통 인내력과 집중력을 필요로 하는 일이 아니다. 어찌됐든 아이가 하라는 대로 백만 볼트를 몇 번 맞고, 쓰러졌다가 치료를 받고 살아나기를 반복하며 놀이를 했다.

아이들은 만화 캐릭터뿐만 아니라 곤충과 동물, 공룡에 대해서도 어른보다 뛰어난 지식을 자랑하는 경우가 많다. 때로는 아주 생소한 해양생물의 특징까지 줄줄이 읊을 정도다.

"엄마, 이건 이름이 뭔 줄 알아?"

동화책을 읽는 중에 아이가 물고기 하나를 가리키며 물어보기에 책에 적혀있는 대로 읽어주었다.

"음, 잠시만. 쏠배감펭이라는 물고기야."

"이거 라이언피쉬야. 엄마 검색해 봐."

아이가 이야기한다. 핸드폰을 들어 검색해 보니 쏠배감펭의 영어 이름이 맞다.

"어떻게 알았어?"

"옥토넛에 나오잖아. 엄마, 아귀는 진짜 못생겼지? 여기 불빛 나와서 낚시해서 물고기 잡아먹어."

3~6세의 아이들은 세상의 모든 것에 흥미를 느끼고, 특히 3~4세에는 말을 하기 시작하면서 쉴 새 없이 질문을 하거나 자신이 아는 것을 줄줄 말한다. 부모가 무언가 가르치려 할 때도 "나도 알고

있어!"라며 자랑하듯 말하기도 한다. 말을 시작하는 아이는 자신의 언어 능력을 실험해 보려는 충동으로, 또 자신의 존재를 주변에 알리기 위해 이것저것 물어본다. 또 자신이 아는 것을 엄마도 알았으면 하는 바람에 적극적으로 공유하기도 한다.

알고자 하는 것은 인간의 본능이다. 아리스토텔레스는《형이상학》에서 "모든 사람은 본성적으로 지식을 추구한다"라고 이야기했고, 아르키메데스의 유명한 "유레카" 역시 지식의 발견에 대한 기쁨의 외침이었다.

아이는 커가면서 급속도로 점점 더 많은 지식을 배운다. 그럴 때마다 부모는 깜짝깜짝 놀라곤 한다. "이건 어떻게 알았어? 어린이집에서 배웠어?"라고 물어보면 "아니, 나는 원래부터 알고 있었어!"라고 대답할 때가 있다. 성장하면서 "아빠, 이거 뭔 줄 알아?"라며 부모도 자신과 같이 알고 있는지 확인하기도 한다. 만약 부모가 모른다고 하면 아이들의 어깨는 한껏 하늘을 향하고, 안다고 하면 "오" 하면서 감탄하는 반응을 보인다. 아직 어리니 귀엽게 넘어가지만, 한편으로는 아주 미묘한 차이로 잘난 척, 아는 척하는 것처럼 보여 친구들이나 선생님에게 밉상으로 비칠까 봐 걱정스럽다.

하지만 대체로 이런 모습은 자연스러운 성장 과정의 일부다. 5~6세는 부모의 품에서 아이가 서서히 벗어나는 시기다. 지능이 발달해 지적 호기심도 강해져 배운 것, 알게 된 것을 표현한다. 이 시기의 아이는 자신이 알고 있는 것을 검증받고, 그것을 주변 사람들에게 자랑하고 싶은 욕구가 강하다. 특히 집에서는 최고라고 인정받고 있는데, 다른 곳에서는 주목받지 못한다고 느낄 때 잘난 척하는 모습을 보일 수 있다. 이런 아이는 자기가 아는 것을 어떻게든 남에게 말하려 하고, 자신이 잘한 것에 관해서는 사소한 것까지 모두 확인받으려 한다.

아이가 혼자 잘났다고 생각할까 봐 걱정되어 칭찬에 인색한 경우도 있는데, 특히 5~6세 아이의 잘난 척은 하나의 표현으로 바라봐주는 것이 필요하다. 현실을 객관적으로 바라보고 겸손이라는 가치를 배우기에 아이는 아직 어리다. 따라서 잘난 척을 표현 방식으로 인정해 주면서 바람직한 방향으로 이끌어주는 것이 좋다. 초등학교에 들어갈 즈음에도 잘난 척하는 경향이 강하다면 또래 관계를 맺는 데 방해가 될 수도 있지만, 대체로는 아이를 자제시키지 않아도 아이 스스로 자연스럽게 세상에는 자신이 모르는 게 많다는 사실을 받아들인다.

지식을 뽐내는 아이의 속마음

자신이 아는 것에 대해 인정받고 칭찬받고 싶은 욕구가 지식을 뽐내는 표현으로 나타나곤 한다.

나 많이 알죠? 저 잘하죠? 저 멋지죠?

아이가 최고가 되고 싶고, 인정받고 싶다는 욕구를 드러낼 때는 비난하지 말고 수용해 주는 태도가 필요하다.

"그래, 최고지. 정말 멋져. 네가 잘하고 싶다는 생각이 많구나."

자존감이 높은 것과 잘난 척하는 것은 겉으로는 잘 구분이 안 될 수도 있지만, 심리적 작용은 완전히 다르다. 아는 척, 잘난 척할 때에는 열등감과 우월감이 작동한다. 스스로를 잘 믿지 못하고, 타인으로부터 충분한 인정을 받지 못하고, 의미 있는 존재로 받아들여지지 못한다는 생각이 들 때 열등감이 발생한다. 이때 아이는 다른 사람보다 많이 안다는 지적 우월감을 통해 결핍을 채우고자 한다. 물론 다른 사람들은 이러한 내막을 알지 못하기 때문에 잘난 척하는 사람을 불편해한다.

따라서 아이를 칭찬할 때는, 그 방향이 지식을 습득하기 위해 노력한 과정을 향해야 한다는 사실을 기억해야 한다. 결과가 아니라 자신의 노력과 과정이 값진 것이라는 사실을 알게 될 때, 아이들은 건강한 자존감을 가질 수 있다.

아이가 자신을 잘 표현할 수 있도록 하는 법

부모는 아이가 일방적으로 지식을 뽐내는 것을 넘어 적절하게 자신을 표현하도록 도와줄 수 있다.

첫 번째, 말하기와 듣기의 균형을 갖도록 한다.

다른 사람들이 똑똑하다고 칭찬해 주지 않아도 자신을 꽤 괜찮은 사람이라고 여기는 것은 건강한 생각이다. 이런 아이들은 스스로를 소중하게 생각하고 자존감도 높다. 하지만 남들 앞에서 지나치게 "나 엄청나게 잘하거든"이라고 말하고 행동하는 것은 사회적 상황과 관계에 대한 민감성이 조금 부족하다고 볼 수 있다. 자신이 그런 말을 했을 때 상대방이 어떻게 받아들일지를 제대로 인지하지 못하는 것이다. 이런 경우, 부모가 걱정하는 대로 또래 관계에 어려움이 생길 수 있다.

그렇다고 아이에게 "너 솔직히 똑똑하진 않아. 네가 그렇게 잘하는 건 아니야"라고 말하기도 어렵다. "너 그러면 친구들이 싫어해" "그렇게 아는 척, 잘난 척하는 사람은 사람들이 싫어해"라고 말해주는 것도 바람직하지 않다. 그렇다면, 아이가 "나 진짜 잘해"라고 자신의 능력을 과시할 때 뭐라고 말해주는 것이 좋을까?

아이들마다 정도에 차이는 있겠지만, 보통 잘난 척하는 아이들은 모든 대화에 있어 말을 많이 하는 경향이 있다. 가정에서는 아이가 말하는 것을 다 들어줄 수 있지만, 친구나 또래 관계 안에서는 그렇지 않다. 집단의 한 사람으로 타인의 마음도 고려해야 한다고 가르쳐주는 것은 사회성 발달에 있어서 중요하다.

"맞아. 잘해. 네가 열심히 알아보고 공부하니까 아빠도 참 잘한다고 생각해. 그런데 여러 친구와 사람들이 있을 때 나에 대한 이야기를 지나치게 많이 하거나, 오래 하는 것은 조심해야 해. 대화할 때는 다른 사람과 비슷한 시간만큼 말하는 것이 좋거든."

두 번째, 아는 척하는 모습을 긍정적인 방향으로 이끌어준다.

아이가 가진 지식을 단순히 자랑하는 데서 그치지 않고 다른 사람에게 도움을 주는 방향으로 사용할 수 있다는 사실을 알려주는 것이 좋다. 친구나 가족을 돕는 경험을 통해 나누고 배려하는 마음을 배울 수 있다. 덧붙여 누군가를 돕는다는 건 새로운 도전 과제로, 문제 해결 능력을 기르는 데도 도움이 된다.

"맞아. 너는 영어를 잘해! 그러니까 동생에게 한번 가르쳐주면 어떨까?"
"동생이 언니 덕분에 잘하게 되고 좋은 것 같은데."

이건 뭐예요? 왜요? 왜 그런 거예요?
: 세상이 궁금한 아이

"선생님, 아이가 요즘 '왜?'라는 질문이 많아졌어요. 아이의 질문에 잘 대답해 주고 싶은데, 명확하게 답해줄 수 없는 질문이 많아요."

상담실에 찾아오는 부모님들의 단골 고민이다. "왜 어린이집 가야 해요?" "왜 아빠는 배꼽이 웃기게 생겼어요?" "왜 엄마는 앉아서 쉬해요?"…. 꼬리에 꼬리를 무는 아이의 질문 때문에 당황스러울 때가 많다. 명확한 답이라도 있다면 그나마 쉬울 텐데, 뾰족한 답이 없는 경우가 대다수라 난감하다.

그림책을 읽다가도 아이는 새로운 곤충이나 꽃을 보면 질문을 폭포수처럼 쏟아낸다.

"이건 뭐예요?"

"사마귀라고 해."

“왜 이름이 사마귀예요?”

“글쎄…. 사람들이 그렇게 이름을 붙였어.”

“사마귀는 왜 이렇게 길쭉하게 생긴 거예요?”

부모는 어느새 네이버에 ‘사마귀 이름의 유래와 생김새’를 검색하게 된다.

동물원에 가서도 “엄마 왜 기린은 목이 길어요? 기린도 말을 해요? 다람쥐 집에서 같이 키우면 안 돼요?”라고 물어본다. 안 된다고 하면 “왜 안 돼요? 그럼 토끼는요?”라는 식으로 다시 질문이 쏟아진다.

“그만 질문하고 저거 봐봐. 우아! 사자다. 저거 봐봐. 코끼리다! 코끼리 진짜 크지?” 부모는 아이가 더 이상 질문하지 못하게 주의를 돌린다. 하지만 아이는 금세 질문을 다시 시작한다. 부모도 기린의 목이 긴 이유를 인터넷에서 검색해 아이에게 알려주고 싶지만, 어려운 내용을 아이가 알아들을 수 있게 설명하는 것은 쉽지 않다.

첫째 아이가 질문이 폭발하는 시기였던 세 살 때 모든 대화에 “왜요?”가 붙었다. 특히 버스나 지하철 등 대중교통을 타는 날에는 더욱 호기심이 폭발했다. 어느 날은 버스에서 “너는 어떻게 생각해?”라며 아이의 궁금증에 대답해 주고 있었는데, 뒤에 앉아계시던 어르신이 아이에게 “엄마에게 그만 질문해라. 엄마가 대답해 주느라 힘들겠다”라고 말씀하셨다. 큰소리로 말한 것은 아니었지만, 바로 뒤에 계셨으니 계속 듣기가 힘드셨을 것이다. 정중하게 사과를 하고 아이에게 말해주었다.

"버스 안은 다른 사람들과 함께 있는 곳이라 조용히 해야 해. 조금 이따가 차에서 내리면 질문해도 괜찮아. 밖에 나오니 세상이 궁금하지?"

"왜?"라는 말놀이는 좌뇌가 발달하는 3세부터 시작된다. 외출하면서부터는 호기심도 많고 관심사가 다양해져 질문이 늘다가, 초등학교 고학년이 되며 점점 줄어든다. 아이가 왜 그렇냐고 물어볼 때, 부모는 처음에는 친절하게 하나하나 설명해 주지만 어느 순간 말장난처럼 느껴지고 꼬리에 꼬리를 물고 이어지면 "그만 해"라고 반응하게 된다. 제대로 대답을 안 해주거나 귀찮아하는 반응을 보이기도 한다. 아이의 끊임없는 질문에 '나를 괴롭히려고 그러나?'라는 생각을 하는 경우도 있다. 그렇지 않다는 것을 머리로는 알지만, 끝까지 제대로 대답해 주지 못할 때가 많다.

궁금한 것이 많은 아이의 속마음

아이들에게는"왜?"가 정말 재미있는 말이다. 세상에는 궁금한 것이 너무 많고, 알아야 할 것도 너무 많다. 궁금증이 너무 많아 빨리 잠들고 싶지 않다. 질문은 아이의 호기심을 충족시키는 동시에 또 다른 호기심을 불러온다.

> 내가 알고 있는 것이 맞는지 확인하고 싶어요. 잠들고 싶지 않아요. 아빠랑 말놀이하면서 저는 잠을 자지 않겠어요.

그리고 부모에게 무엇이든 물어보면 알 것 같고 대답도 잘해준다. 아이들은 이미 알고 있는 것도 부모에게 확인받고 싶고, 부모의 관심도 받고 싶다. 아이는 세상을 알고 싶은 만큼 부모가 가르쳐주고 대답해 줄 것이라고 믿는다.

> 제가 질문하면 엄마는 나를 쳐다보며 눈도 맞춰주고 친절하게 대답도 해주셔서 좋아요. 제가 질문할 때 누구보다 엄마가 제일 대답을 잘해주실 것 같아요. 저도 아무한테나 질문하지 않아요.

아이가 잘 질문할 수 있도록 돕는 법

상담을 하다 보면 끊임없이 물음표를 던지는 아이들이 있다. 명확한 답이 있는 질문을 하는 아이들이 있는가 하면 의미 없는 질문을 계속 반복하는 경우도 있다. 부모가 지칠 정도로 질문을 멈추지 못하는 아이들도 있다. 이렇게 다양한 아이들의 질문에 어떻게 대답해 주면 좋을까?

첫 번째, 때로는 질문의 개수를 정해둘 필요가 있다.

어린아이의 경우, '질문 기계'가 한번 작동하면 질문하는 놀이가 되어버린다. 특히 질문을 계속함으로써 잠자는 시간을 늦출 수 있다는 사실을 알게 되면 더욱 말장난 같은 질문을 이어갈 수 있다. 그럴 때에는 "그만! 다음 질문은 내일 하자!"라고 단호하게 질문 개수를 제한하여 말장난 식의 질문보다 정말 궁금한 질문을 골라서 할 수 있도록 하는 것도 좋다.

두 번째, 질문에 대한 답은 아이와 함께 찾아간다.

질문은 생각의 시초다. 거의 모든 생각이 질문으로부터 시작된다. 질문들을 통해서 아이는 살아가는 데 제일 중요한, 생각하는 힘을 키우게 된다. 아이가 물어보면 부모가 정답을 줘야 한다고 생각하는 경우가 많은데, 그보다는 "이건 왜 이럴까?"라고 아이에게 되물으며 대화로 이어가면 좋다.

배우고 싶다는 호기심으로 질문을 하는 아이들은 주로 구체적인 원리나 인과관계에 관해 물어본다. 대부분은 부모가 모르는 어려운 질문들이다. 그럴 때는 “엄마도 모르겠네. 우리 같이 찾아볼까?”라고 하면서 함께 관련 책도 찾아보고 인터넷 검색을 해본다. 아이는 궁금증을 해소하는 과정을 즐기게 되고, 덧붙여 부모와 소통할 기회도 얻을 수 있다. 아이들의 질문에 답을 주는 것보다 함께 답을 찾아가는 과정이 중요하다.

아이가 특히 호기심을 가지는 영역이 있다면 적극적으로 확장해 주어야 한다. 아이의 질문에 귀찮아하지 않고 “그 질문 좋은데?”라고 칭찬해 준다면 알고자 하는 마음이 더 커질 것이다. 아이들은 질문을 통해서 사고를 확장하고, 학습의 동기도 얻는다는 사실을 기억하자.

사람들 앞에서 제 이야기 하지 마세요!
: 낯선 사람 앞에서 부끄러운 아이

아이와 길을 걷다 아는 사람을 만나 잠시 멈춰 이야기를 나눈다. "어른을 보면 인사를 해야지?"라고 아이를 인사시키려고 하는데, 아이가 뒤로 숨는다.

"안고 다니는 모습만 봤는데, 이렇게 컸네! 어디 유치원 다녀? 어디 가는 길이야? 너무 예쁘다. 밥은 잘 먹어? 엄마 말 잘 듣고?"

상대가 반가워하며 이것저것 질문해도 잘 대답하지 않는다.

우리나라는 인사를 중요시하는 문화를 가지고 있다. 부모는 아이가 인사를 안 하면 "어른을 보면 인사를 해야 해"라고 말하며 예의에 대해 가르친다. 부모가 직접 고개를 숙이게 하는 경우도 종종 본다.

사실 아이로서는 낯선 사람이 갑자기 다가오는 것이기에 당황스럽다. 그렇게 부끄럼을 타면서 뒤로 숨었던 아이는 집으로 가는 길에 짜증 섞인 목소리로 "엄마, 내 이야기 하지 마!"라고 말한다. 이럴 때에는 "어머, 얘가 대체 왜 이래?"라며 대수롭지 않게 넘어가기 쉽다.

사회성이 발달하는 3세 무렵부터 집 안과 밖에서 전혀 다른 태도와 행동을 보이는 아이들이 있다. 집에서는 그렇게 활발하고 장난도 치고, 종알종알 말도 잘했던 아이가 낯선 사람을 보면 조용해진다.

독일의 철학자이자 사회학자인 게오르크 짐멜Georg Simmel은 〈부끄러움의 심리학에 대해서〉라는 글에서 부끄러움은 다른 사람의 시선에 부각된 자아가 자신의 이상적인 자아와 일치하지 않기 때문에 생긴다고 했다. 현실의 나와 이상적으로 생각하는 나 사이에 간극이 있는데, 그 간극을 누군가가 바라보게 되면 부끄러워진다는 것이다. 부끄러움은 성인이 되어서도 느끼는 자연스러운 감정이다. 그러니 아이의 부끄러움을 나무라기보다 이해해 줘야 한다.

부끄러움이 많은 아이의 속마음

부끄러워하는 감정은 3세에 두드러지기 시작한다. 부끄러움을 느끼는 원인은 다양하지만, 기본적으로는 불안과 두려움이다.

낯선 사람들이 너무 많아 불안하고 무서워서 그런지 말이 잘 안 나와요. 엄마는 나를 데리고 다니다가 아는 사람을 만나면 자꾸 인사하라고 하는데, 처음 보는 사람에게는 인사를 못 하겠어요.

집에서는 말도 잘하고 개구쟁이처럼 보이는데, 낯선 사람만 만나면 입 한 번 떼지 못하는 아이들이 있다. 아이에게 인사를 하라고 말하는 순간, 주변 어른들의 눈이 아이에게 집중되면서 아이는 불안을 느끼고 부모 뒤로 숨게 된다.

아이가 인사를 하지 않고 뒤로 숨어 버리는 것은 가끔 보는 이웃도 낯설고, 이웃과 인사를 주고받는 자기 자신도 낯설기 때문이다. 낯선 사람과 금방 친숙해지고 새로운 환경에 잘 적응하는 아이도 있지만 새로운 사람을 만나 이야기하는 것이 힘들고 낯선 곳에 적응하는 데 시간이 오래 걸리는 아이도 있다. 이는 기질의 차이일 뿐, 다그칠 일이 아니다. 낯가림이 심한 아이들도 익숙해지면 점차 부끄러움을 덜 타게 된다.

사실 부모가 즐거운 얼굴로 인사하는 모습을 보는 것만으로 아이에게는 큰 공부가 된다. 아직 불안해서 마음처럼 큰소리로 인사하는 것이 어려울 뿐이다.

아이가 잘 관계 맺도록 돕는 법

간혹 아이를 옆에 두고 선생님이나 학부모들과 아이와 있었던 일을 이야기할 때, 부모가 자신에 대한 이야기를 하지 못하도록 입을 틀어막는 아이가 있다. 내향적인 아이들은 처음 보는 사람에게 경계심을 가진다. 이런 기질을 가진 아이들에게는 "인사를 왜 안 하니?"라고 다그치기보다, "인사는 부끄러운 것이 아니야"라고 설명해 줄 필요가 있다.

첫 번째, 억지로 시키기보다는 아이가 준비될 때까지 기다려준다.

아이가 아무 말도 못 하고 엄마 뒤로 숨을 때, "어서 인사해야지"라고 말하면 아이는 더 부끄러워 행동으로 옮기는 것이 힘들 수 있다. 아이가 인사할 수 있는 마음의 준비가 될 때까지 기다리거나, 다음에 그런 상황이 오면 어떻게 해야 할지 생각해 보자고 이야기한 뒤 스스로 할 수 있을 때까지 기다리는 것이 좋다.

두 번째, 사람들이 없는 곳에서 인사에 대해 교육하고 공감해 준다.

다른 사람들 앞에서 공개적으로 "우리 아이는 수줍음이 많고 부끄러움을 잘 타요"라고 이야기하면, 아이는 '아, 나는 부끄러움이 많은 아이구나'라고 무의식적으로 생각하게 된다. 그러니 우선 사람들과 헤어지고 나서 아이에게 인사에 대해 말해주는 것이 좋다.

아이가 수줍어하는 마음에 공감해 주는 것이 먼저다. "그래, 처음 만난 사람 앞에서 인사하는 것이 어색하고 힘들 수 있어"라고 말해준다. 아이가 인사하지 않는 것에 너무 연연하지 말고, 불안하고 부끄러워하는 마음이 잘못된 것이 아니라고 이야기해 주어야 한다.

세 번째, 부모가 인사하는 모습을 먼저 보여준다.

아이 입장에서 자주 보는 어른이 아니라면 누구에게 인사하고 누구에게 인사하지 말아야 하는지 헷갈릴 수 있다. 더군다나 자주 보는 사람이 아니라면 잘 기억하지 못할 수도 있다.

부모는 인사하지 않으면서 아이에게 "아저씨께 인사해야지"라고 하면 아이는 더 부끄럽고 어색하여 인사하는 것이 힘들게 느껴질 수 있다. 그보다는 부모가 먼저 인사할 때 아이도 같이 "안녕하세요"라고 인사하면 된다고 지침을 알려주면 도움이 된다.

네 번째, 그림책이나 역할놀이를 통해 간접적으로 경험해 본다.

인사를 강요하면 아이들은 더 거부감을 느낄 수 있기 때문에 상황에 맞는 인사를 자연스럽게 익히도록 하는 것이 좋다. 부끄러움은 자신감으로 극복할 수 있다. 아이가 해내는 작은 성공의 경험이 계속 쌓이면 자신감으로 이어진다. 집에서 처음 만나는 사람들과 어떻게 인사하는지를 보여주는 그림책을 함께 읽고 주인공처럼 함께 따라해 보거나 인형을 가지고 서로 역할을 바꾸어가면서 인사를 해본다. 보편적인 상황을 가정하여 질문을 건네며 연습해 보는 것도 좋다.

"너는 몇 살이냐고 물으시면 어떻게 대답하면 좋을까?"

"저는 5살이요."

"어디 갔다 오는 길이냐고 물어보면?"

"어린이집이요."

부모와 역할을 바꾸어 가며 놀이를 해본다. 연습을 많이 할수록 부끄러움이 줄고, 자신감도 생긴다. 아이가 연습한 대로 인사를 잘 했다면 적극적으로 칭찬해 준다.

역할놀이는 일상에서 경험하지 않은 상황을 상상하도록 한다는 점에서 아이들의 성장을 돕는 유용한 방법이다.

저 혼자서 놀고 싶어요
: 혼자와 함께 사이에서 망설이는 아이

또래 관계는 부모의 주요 관심 주제다. 아이가 혼자 노는 걸 좋아한다는 이야기를 듣게 되면, 부모는 아이의 사회성이 걱정될 수밖에 없다. 다른 친구들과 놀게 해주기 위해 다른 부모와 시간을 맞춰 놀이터나 키즈 카페에 데려가도, "아빠, 나 혼자 놀고 싶은데. 나가기 싫은데"라고 말하기 일쑤다. 그러면 부모는 "이미 약속했어. 가서 재미나게 놀자"고 아이를 타이른다. 부모는 아이가 어린이집이나 유치원에 다녀올 때마다 "오늘은 누구와 놀았어?"라며 매일 공식 질문을 반복한다. 혼자 노는 아이의 모습을 볼 때면 나중에 학교 가서 문제가 되지는 않을지 걱정이 앞선다.

"선생님, 아이가 친구들과 어떻게 지내나요?"

"아버님, 아이가 다른 친구들이 함께 놀자고 해도 혼자 놀고 싶다고 해요. 친구들과 함께 노는 활동을 하자고 해도 혼자서 놀고 싶다고 해요."

제대로 된 의미에서 또래와 교류가 가능해지는 연령은 3~5세 무렵이다. 이 시기가 되기 전에 혼자 노는 것은 정상적인 발달의 과정이다. 일정한 연령이 되면 대부분의 아이는 자연스럽게 또래와 어울리는 즐거움을 느낀다. 그리고 놀이 과정에서 협력과 갈등을 조절하는 방법을 배우며 사회성을 키우게 된다.

하지만 모든 아이가 또래와 노는 것을 즐기는 것은 아니다. 간혹 또래 놀이를 초등학교 저학년 때 시작하는 아이도 있다. 아이가 다른 친구들과 잘 어울리지 못한다고 해서 무조건 걱정할 필요는 없다. 아이의 기질에 따라서 혼자 노는 것을 더 좋아하는 경우도 있기 때문이다.

혼자 시간을 보내는 아이의 속마음

놀이터나 어린이집에서도 친구들과 어울리지 않고 혼자 노는 아이들을 종종 볼 수 있다. 주로 혼자서 책을 읽거나 그림을 그리고, 퍼즐을 맞추거나 블록 놀이를 하고 친구들과 놀 때도 조용한 활동을 좋아한다.

저는 혼자 조용히 시간을 보낼 때 마음이 더 편해요. 저는 혼자 집중해서 노는 것이 더 좋은데 왜 굳이 친구와 함께해야 하는지 모르겠어요. 친구들이 가지고 노는 것은 재미가 없어요. 저는 제가 재미있는 것을 하고 싶어요.

이런 아이들은 혼자 조용히 시간을 보내는 것이 더 즐겁고 마음이 편하다. 굳이 다른 아이들과 놀아야 할 필요를 느끼지 못하고, 다른 아이들에게 관심이 없는 경우도 있다. 친구를 사귈 때도 여러 명이 아니라 한두 명으로 충분하다고 생각한다.

먼저 친구에게 다가가거나 적극적으로 친구를 만들려고 하지는 않지만, 상황이 되면 곧잘 어울려 놀기도 한다. 혼자 논다고 해서 무조건 친구에게 관심이 없는 것은 아니다. 자신의 놀이에 집중하는 한편으로 다른 친구들이 노는 것도 지켜보고 있을 수 있다. 평소에는 친구들과 잘 놀다가 어느 날 갑자기 혼자 놀면 걱정될 테지만, 심각하게 생각할 필요는 없다. 간혹 친구들과 노는 과정 중에 갈등이 생기면 스스로 해결 방법을 고민하기 위해 혼자만의 시간이 필요할 수도 있기 때문이다.

아이가 친구들과 함께할 수 있도록 돕는 법

혼자 시간을 보내는 아이들을 보면 부모 입장에서는 사회성이 제대로 발달하지 못할까 봐 조바심이 나곤 한다. 하지만 그렇다고 해서 아이를 재촉하면 오히려 아이를 위축시키는 결과를 낳을 수 있다. 그보다는 아이의 입장에서 생각하고, 아이의 속도에 맞춰주어야 한다.

첫 번째, 아이의 성격을 있는 그대로 받아들이는 부모의 태도가 중요하다.

사회성을 중요시하는 부모 입장에서 사교적이지 못한 아이의 모습을 문제로 인식하여 친구를 사귀게 하려고 밀어붙이는 경우가 있다. 그러나 내성적인 아이로서는 부담이 된다. 부모의 표정과 말투를 보고 자신을 못마땅하게 여긴다고 생각하고, 자신을 좋아하지 않는다고 느낄 수도 있다. 무엇이든 억지로 시키는 것은 마치 맞지 않는 옷을 입혀 다른 사람처럼 행동하고 말하게 하는 것과 같다. 사회성을 키워주려고 한 것이지만, 오히려 스스로를 문제가 있는 사람으로 받아들여 더 위축되고 열등감을 느낄 수 있다.

첫째 아이가 다섯 살이었을 때다. 첫째 아이는 어린이집에서 주로 역할놀이, 이야기 만들기, 그리고 자기만의 체계와 규칙이 있는 놀이를 좋아했다. 또래 친구들은 주로 뛰어다니며 노는 것을 좋아하는데, 우리 아이는 카드 놀이를 할 때도 규칙을 만들었다. 친구들이 같이 놀려고 왔다가도 복잡한 설명에 흥미를 잃고 돌아서기 일쑤였다.

그러던 어느 날, 잠들기 전에 아이가 자신의 고민을 털어놓았다.

"엄마, 난 친구들하고 놀고 싶은데. 친한 친구가 없어. 친구가 다른 친구들을 집에 초대해서 나도 초대해 달라고 했는데 난 안 된대."

가슴이 철렁 내려앉았다. 우리 아이가 친구에게 거절의 경험을 한 것이다. 생각해 보니 친했던 아이가 이사하면서 어린이집에서 같이 쿵짝이 맞았던 친구가 없었다.

친한 친구가 없다는 아이의 말에 어떤 말을 해주면 좋을까 생각하다가, "초대를 받지 못해 속상했겠구나. 엄마가 얼마 전에 선생님하고 전화했는데, 너는 친한 친구가 없는 것이 아니라, 반 친구들하고 다 골고루 잘 지낸다고 하시더라"라고 말해주었다.

그런데 이 말에 아이의 표정이 밝아지면서 "그래?"라고 반응했다. 이 시기의 아이는 부모의 말을 믿고, 부모의 반응을 그대로 받아들인다. 따라서 문제가 되는 부분에 집중하기보다, 다른 관점에서 바라보고 아이에게 이야기해 주는 것이 좋다.

"선생님이 너는 모든 친구하고 두루두루 잘 지낸대. 반찬도 골고루 먹어야 튼튼해진다고 하지? 친구들과 두루두루 잘 지내니, 튼튼한 사람인 것

갈아. 너는 어떻게 생각해?"

"응, 나도 내가 하고 싶은 놀이 하면서 친구들하고 노는 것이 좋아."

두 번째, 비슷한 놀이를 좋아하는 친구를 같이 찾아본다.

"왜 친구와 어울리지 못하니! 친구하고 같이 놀아야지"와 같은 말은 아이의 자존감을 낮추는 부정적인 결과를 초래한다. 아이를 비난하는 것보다 아이가 좋아하는 놀이를 관찰하고, 비슷한 방식으로 놀거나 성격이 비슷한 친구와 어울릴 기회를 마련해 주는 것이 도움이 된다. 처음에는 한 명의 친구와 짧게 놀도록 하고, 점차 친구의 수와 어울리는 시간을 늘리며 새로운 친구를 사귀는 과정에 익숙해지도록 도와줄 수 있다.

하지만 뭐든지 아이가 먼저다. 부모의 불안과 걱정이 앞서 섣불리 시도하기보다, 아이가 친구들과 놀고 싶은지를 먼저 물어봐야 한다. 다른 친구들과 어울리지 못하고 혼자 노는 것이 안쓰럽거나 답답하게 느껴질 수도 있지만, 아이를 다그치면 거부감만 들 뿐이다. 처음 자전거를 배울 때 여러 번 시도해야 균형을 잡을 수 있는 것처럼, 아이가 친구를 사귀는 일을 성취하기까지는 시간이 걸린다. 서두른다고 부모 마음대로 되지 않는다.

세 번째, 아이가 친구에 대해 어떻게 생각하는지 알아본다.

친구에 대해 부정적인 생각을 가지고 있거나 서로 좋아하는 놀이 방법이 다른지 대화해 볼 필요가 있다. 아이를 세심하게 관찰하며 도와줄 것이 있는지 물어본다. 그러면 "친구가 장난감을 빼앗을 것 같아" "블록 만들면 친구들이 부숴서 나는 혼자 그림 그리는 것이 좋아"와 같이 자신의 생각을 말하기도 한다.

네 번째, 혼자만의 역할놀이를 통해 주도권을 느끼도록 하고 사회성을 향상시킨다.

가끔 아이는 혼자서 묻고 답하는 역할놀이를 한다. 혼잣말로 역할극을 하는 것은 사회적 상황을 연습하거나 복습하는 과정이다. 의미가 있는 활동이기 때문에 지켜보는 것이 좋다.

친구들에게 하고 싶은 말을 다 못하거나 자신의 적절한 역할을 찾지 못할 때 역할놀이를 통해서 연습을 하도록 한다. 아이는 주도적으로 상황을 이끌어가는 혼자만의 역할놀이를 하며 만족감과 즐거움을 느낀다. 아이가 혼자 충분히 시간을 보냈다고 판단되면 부모가 개입해 2인 놀이로 확장해 볼 수 있다. 이때 주도권을 아이에게 주는 것이 중요하다.

03

재미의 언어로 말하는 아이에게

자기 확신을 키우는 긍정의 경청법

이것도 가지고
놀고 싶고,
저것도 가지고
놀고 싶어요!

서툰 말 속에 숨은 아이의 진짜 속마음

"마음이 불안해서 가만히 있을 수 없어요."

"재미있는 것이 많아 집중할 수가 없어요."

"저 힘들어요. 저를 도와주세요."

“나 좀 봐! 웃기지” “우아! 이거 재미있겠다” 어디서든 장난을 치고 재미있는 것을 찾는 아이들이 있다. “나 이제 놀아도 돼?” “놀이터 놀러 가자!” 아이의 관심사는 노는 데 집중되어 있는 것 같다. “나 이제 발레 그만두고 태권도 하고 싶어!” 다양한 흥미를 가지고 여러 가지를 배우고 싶어 하는 대신, 한 가지에 집중하지 못한다.

이런 아이들은 지금, 여기에서 행복하기를 원하며 즐겁고 재미있는 것을 중요하게 여긴다. 여러 친구와 어울려 노는 것을 좋아하고, 지시나 계획에 따라 움직이기보다 자신이 원하는 것과 흥미를 좇으며 실행도 빠르다. 상상력이 풍부하며 창조성이 있고 어떠한 상황에서도 긍정적으로 잘 적응하고, 열정적이며 모험심도 강하다. 활기가 넘치고 늘 즐거운 분위기를 주도하기 때문에 함께하면 재미있다.

한편으로는 장기적으로 계획을 세워 실천하는 것을 어려워할 수 있다. 그렇기에 꾸준히 지속할 수 있도록 동기를 부여해 주어야 한다. 늘 새로운 계획을 세우고 다양한 가능성을 생각하는 이러한 아이들은 자칫 산만해질 수 있기 때문에 주의가 필요하다.

몇 가지 질문을 통해 아이를 이해할 수 있다.

- 엄마와 무엇을 할 때 재미있고 행복하다고 느껴?
- 엄마가 어떻게 해줄 때 행복하다고 생각해?
- 오늘 1에서 10까지 중에 얼마만큼 재미있고 행복했어?

위와 같은 질문을 건네는 동시에 실제로 우리 아이가 어떨 때 즐거워하며 웃는 일이 많은지 관찰한다면, 아이가 무엇에서 행복을 느끼는지를 조금 더 구체적으로 알 수 있을 것이다.

학자마다 구체적인 정의는 조금씩 다르지만, 재미란 기본적으로 아이들이 어떠한 활동을 통해 느끼는 기쁨 혹은 긍정적인 호감을 의미한다. 재미는 즐거움과 기쁨을 느끼는 정서적 속성뿐만 아니라 행동을 지속하도록 하는 동기적 속성, 주의 집중력을 높이는 인지적 속성을 포함한다. 재미는 무엇인가를 함으로써 만들어지는 즐거운 경험이자 기쁨으로 아이들에게 매우 가치 있는 일이다.

아이들이 경험하는 재미의 교육적 가치에는 세 가지가 있다. 첫 번째로, 재미는 몸과 마음의 부정적 상태를 줄여 원래 상태, 즉 다시 즐거운 일상으로 돌아가도록 하는 생물학적 기능을 한다. 두 번째는 인지적 측면으로, 즐거움이 발생하면 몰입을 하게 되어 최적 학습을 경험하게 된다. 즉 외부의 보상과 상관없이 활동 자체에 의미를 부여하여 학습의 만족도가 높아진다. 세 번째로 재미는 강한 자신감을 바탕으로 행동을 지속할 수 있도록 이끈다. 학습을 돕는 게임이 그 예시가 될 수 있는데, 재미를 통해 학습의 동기는 높이고 학습의 부담은 감소시킨다.

그렇다면 우리 아이는 지금 재미있고 행복한가? 모든 부모는 아이가 행복하길 원한다. 그런데 상담을 하다 보면, 그 시제가 현재가 아니라 미래를 향해 있는 경우를 종종 본다. 하지만 지금 아이가 재미와 즐거움, 행복감을 경험하지 못한다면 어떻게 미래에 행복을 누릴 수 있을까?

한국 사회에서 조급함과 불안한 마음을 내려놓고 아이의 즐거움을 지켜주는 것이 얼마나 어려운 일인지 생각할 때가 있다. 하지만 그럼에도 아이가 즐거울 수 있도록 도와주는 것은 매우 중요하다. 재미의 경험으로 채워진 아이들은 행복감을 가지고 살아갈 수 있다. 행복감을 느끼며 성장한 아이들은 좌절을 견디는 힘과 모험심을 가질 수 있고, 자신감이 높으며 사회적 능력이 뛰어나다.

그렇다면 어떻게 해야 아이가 행복하도록 도울 수 있을까? 긍정 심리학에서는 각자가 자신의 강점을 개발하여 지금 하고 있는 일에 완전히 만족하는 상태를 행복으로 본다. 물리적 환경과 기질적 차이 등 다양한 요소가 상호작용하겠지만, 그중에서도 부모와 아이의 관계는 아이의 성장과 발달에 있어 가장 결정적인 영향을 미친다. 따라서 이 장에서는 아이가 주로 사용하는 재미의 언어를 살펴보고, 각각의 사례 안에서 행복감을 지켜주는 노하우를 구체적으로 알아보고자 한다.

놀이터 놀러 가요! 같이 놀아요!
: 늘 뛰어놀고 싶은 아이

워킹맘은 주말이면 밀린 집안일을 하느라 바쁘다. 우리나라가 사계절이 있어 좋았는데, 엄마가 되고 나서 사계절 옷 정리를 하고 있자니 일년 내내 계절이 하나였으면 좋겠다는 생각이 불쑥 튀어나온다. 그런데 아이도 주말이면 엄마와 놀기 위해 마음이 바쁘다.

"엄마 놀자! 우리 같이 놀자! 놀이터 가자! 엄마 빨리 나와."

아이는 이미 신발을 신고 문 앞에 서 있다. 아이는 놀아야 잘 자란다는 걸 모르는 부모는 없다. 하지만 정신없이 일하다 보면 피곤해서, 또 코로나19로 외출을 자제해야 해서 등의 이유로 어쩔 수 없이 충분히 놀아주지 못하는 경우가 많다. 떼쓰는 아이의 손을 잡고 나갔다가도 놀이터에 이용 중지 안내문이 붙은 것을 보고 발길을 돌린 경우도 있었다.

아이들은 부모와 놀고 싶은 욕구가 크다. 특히 놀이터는 아이들에게 최고의 즐거움을 주는 공간이다. 아이들은 18개월 정도 되었을 때부터 본격적으로 세상을 탐색해 나간다. 말은 잘 못해도 엄마 손을 잡아끌고 밖으로 나가자는 의사를 표현한다. 2세 이후에는 신체적으로 성장하면서 에너지를 분출하기 위해 밖에 나가려고 한다. 3세가 되면 경험과 상상을 섞은 상상 놀이를 하며 놀이가 더욱 풍성해진다.

4세가 되면 상상 놀이에 역할놀이가 더해져 놀이의 주제와 내용 전개 등이 보다 창의적으로 발전한다. 5세가 되면 놀이의 규모가 확장되어 여러 명이 함께 어울리며 목표를 이루기 위해 협력한다. 이 시기에 자신이 경험한 일상을 놀이로 표현하고, 주변 어른들의 모습을 흉내 내기도 하면서 소통을 늘려나간다. 아이들은 다양한 역할놀이를 통해 나, 부모님, 친구들 등 자신을 둘러싼 세상을 이해한다. 친구들과 어울리는 문제에 관심을 가지며 상호작용에 점차 능숙해지고, 타인과 협동하며 배려하고 양보하는 사회적인 역할을 배운다.

2019년 한국방정환재단이 연세대 사회발전소 연구팀과 함께 조사한 어린이 행복지수 연구에서 한국은 OECD 22개국 중 최하위인 20위를 기록했다. 매년 우리 한국 아이들의 행복지수가 최하위라는 말을 듣고 있는 것 같다. 건강보험 심사평가원 조사 결과에 따르면 어린이 우울증 환자는 2017년 6,421명에서 2020년 9,612

명으로 3년 만에 49.8퍼센트나 급증했다(5~14세 기준). 2019년 세이브더칠드런과 서울대 사회복지연구소가 공동 연구한 국제 아동 삶의 질 조사에서 한국 어린이들의 삶의 질은 35개국 중 31위로 최하위권을 기록했다.

우울증으로 힘들어하는 아이들은 지금도 계속 늘어나고 있다. 여기에는 사교육과 물질우선주의로 인한 스트레스의 영향이 크다. 앞서 언급한 OECD 조사에서 아이들에게 '행복을 위해 필요한 것'을 물었더니 물질적 가치(돈, 성적 향상, 자격증 등)가 38.6퍼센트로 가장 높은 비중을 차지했고, 관계적 가치(가족, 친구 등)가 33.5퍼센트, 개인적 가치(건강, 자유, 종교 등)가 27.9퍼센트로 그 뒤를 이었다. 주목할 만한 점은 관계적 가치라고 응답한 아이들의 행복 점수가 상대적으로 높게 나타났다는 것이다. 이는 부모와의 관계가 스트레스 해소에 매우 중요한 시기이기 때문인 것으로 보인다.

1991년에 대한민국이 비준한 유엔아동권리협약UNCRC 제31조 1항과 2항은 놀이권, 레크리에이션을 규정하고 '휴식과 여가를 즐기고 자신의 나이에 맞는 놀이와 오락활동에 참여하며, 문화생활과 예술 활동에 자유롭게 참여할 수 있는 아동의 권리를 인정한다'라고 명시하여 아동의 놀 권리를 인정했다. 아이의 첫 놀이 대상은 부모이고, 아이에게 있어서 부모와의 놀이는 상호작용을 경험하는 즐거운 활동이며, 사회 구성원으로 성장하는 사회적 능력 발달에 있어서 매우 중요하다. 그 어느 시기보다 유아기에 놀이 참여자로서의 부모의 역할은 필수적이다.

아이들에게는 단순히 보고 듣는 것만이 아닌 직접 적극적으로 참여하는 '경험' 활동이 필요하며, 아이들은 '즐거움'이 있을 때 가장 오래 기억하고 학습한다. 또한 놀이는 함께하는 사람에 대한 애착을 형성하고 관계를 강화한다는 점에서 애착의 기초를 형성하는 유아기에 특히 중요하다.

우리 아이가 어떤 놀이를 즐길까? 창의적으로 놀이를 할까? 아이들의 놀이에 관심을 가져보자. 아이가 어떻게 노는지 관찰하면 아이를 이해할 수 있다.

나가서 놀자는 아이의 속마음

아이라면 대부분 바깥 놀이를 좋아하지만, 특히 기질적으로 활발한 아이들에게 놀이터는 최고의 즐거움을 주는 곳이다. 사실 어른들도 넓은 공간을 좋아한다. 더군다나 아이들에게는 마음껏 뛰어놀고 소리 내어 웃고 떠들 수 있으니 최적의 공간이다. 같은 놀이라도 밖에서 하는 것이 더 재미있다. 다양한 자극이 있고 호기심을 불러일으키기 때문이다.

놀이터에서는 더 빠르게 뛸 수 있어요. 놀이터에는 친구들이 많고, 나를 기분 좋게 하는 것도 많아요. 미끄럼틀 위로 올라가면 엄마를 위에서 쳐다볼 수도 있고, 미끄럼틀을 타고 내려오면 바람도 느껴지고 짜릿짜릿한 기분이 들어요.
그네에서 왔다갔다하면 주변 세상이 왔다갔다하면서 건물들이 저랑 같이 움직여서 신기해요. 이런 건 이곳에서만 느낄 수 있다고요.
시소를 탈 때 친구가 내려가는 순간 저는 하늘로 날아갈 것 같아요.
저를 계속 웃게 해주는 놀이터가 좋아요.

아이들은 성장하면서 몸을 조절할 수 있게 되고, 통제 능력과 감각 능력을 갖추게 된다. 자연스럽게 더 빨리, 더 높이 뛰어보고 싶다는 자신감이 생긴다. 자신이 어디까지 할 수 있는지 시험해 보며 도전과 모험을 할 수 있는 곳이 바로 놀이터다. 이렇게 호기심을 가지고 자유롭게 놀다 보면, 30분은 금방 가고 어느새 저녁을 먹을 시간이 찾아온다.

놀이터를 아이의 무대로 만드는 법

이렇게 중요한 바깥 놀이를 아이와 더 즐겁게 할 수 있는 방법을 몇 가지 알아두자.

첫 번째, 탐색 욕구와 호기심을 마음껏 펼치게 한다.

바깥세상은 집보다 훨씬 넓고 신기한 것이 많다. 산책 나온 강아지도 있고, 고양이도 보인다. 길가에 핀 꽃과 나무, 바닥에 기어다니는 개미들, 가끔 놀이터에 머무르다 날아가는 비둘기를 탐색한다. 오늘은 누가 놀이터에 놀러 왔을지, 새로운 친구는 있을지 호기심을 가지며 놀이터로 향한다. 놀이터로 나가기 전 아이에게 다음과 같이 질문하면 호기심을 가지고 보다 잘 탐색하도록 도울 수 있다.

"오늘은 놀이터 가는 길에 어떤 동물과 곤충, 꽃, 친구들을 만나게 될까?"
"나는 지난번에 봤던 검정 고양이를 또 보고 싶어."
"오늘 하늘의 구름은 어떤 모양을 하고 있을까?"
"오늘은 반달 모양이면 좋겠어."
"왜 구름이 반달 모양이면 좋겠어?"

"응, 지난번에 달이 반달이었잖아. 그래서 구름도 반달이면 재미있을 것 같아."

두 번째, 놀이터에서 새로운 감각을 체험하게 한다.

2세 이후 아이들은 대근육이 발달하면서 뛰고 구르고 달리는 등 온몸을 이용한다. 그런데 자기 통제를 할 수 있는 시기가 아니기 때문에 집에서는 층간 소음 걱정으로 늘 "뛰지 마"를 외치게 된다. 그런데 놀이터에서는 마음껏 뛰어놀 수 있다. 자유롭게 몸을 움직이고 다양한 감각을 경험할 수 있어 짜릿하다. 집 안에서는 결코 경험하기 힘든 감각이다. 몸을 움직일 때마다 이러한 자극이 전해지면서 아이는 새로운 재미에 푹 빠진다.

세 번째, 다양한 놀이 기구를 적극적으로 활용하고 새로운 놀이를 개발하도록 독려한다.

무궁화 꽃이 피었습니다, 얼음 땡, 술래잡기, 비석 치기, 비행기 날리기, 그림자 밟기, 사방치기 등 이미 다양한 놀이가 있다. 이 밖에도 아이들은 그네와 시소, 미끄럼틀을 자유자재로 이용하면서 창의적인 놀이를 만들어내기도 하고, 새로운 규칙을 생각해 내기도 한다. 이러한 과정에서 아이들은 기다리기, 양보하기, 배려하기,

규칙 지키기 등 사회성에 필요한 능력을 키운다. 또한 안전하게 노는 방법을 습득해야만 더 즐겁게 놀 수 있다는 사실을 배운다.

아래는 실제로 우리 아이들과 보물찾기를 응용하여 만든 놀이다. 여러분도 기존의 놀이를 가족의 상황에 맞게 응용하면 아이들과 즐겁고 재미있는 시간을 보낼 수 있을 것이다.

퍼즐 보물찾기:

1) 그림이 그려져 있지 않은 퍼즐을 사서 그림을 그린다.
2) 아이가 노는 동안 퍼즐 조각을 놀이터 곳곳에 숨겨놓는다. (아이의 눈높이에서 보이는 곳에 놓는 것도 좋다)
3) 퍼즐 판을 놓고, 퍼즐을 찾아와서 퍼즐을 완성하도록 격려한다.
4) 가족이 한마음으로 하나의 퍼즐을 완성할 수도 있고, 각자의 퍼즐을 준비하고 함께 완성해 볼 수도 있다.

미션 보물찾기:

1) 가족들이 원하는 것들을 물어보고 종이에 적어서 놀이터로 가지고 간다.

예) 아빠 어깨 주물러주기, 형과 동생이 서로 5분 안아주기, 엄마와 일대일 데이트, 아이스크림 사주기, 게임 30분권 등

2) 놀이터 곳곳에 종이를 숨겨놓는다.

3) 자신이 찾은 미션 종이를 사용할 수 있도록 한다.

* 거실이나 아이의 방 등 집에서도 공간을 정해놓고 할 수 있다.

네 번째, 새로운 놀이 방식을 찾는 아이의 창의성을 존중한다.

아이가 아침에 눈을 뜨자마자 놀이터에 가자고 노래를 부른다. 평소 같으면 못 이기는 척 손을 잡고 나가겠지만, 코로나19로 인해 외출을 자제해야 하거나, 황사나 미세먼지 등으로 대기 상황이 좋지 않을 때에는 아이의 요구를 다 들어줄 수 없다.

"오늘은 물놀이할까?"

아이가 바깥 놀이만큼 좋아하는 놀이가 물놀이다. 아이에게 화장실에서 자유롭게 물놀이를 할 수 있도록 했다.

아이가 물놀이를 한 지 30분 정도 되었을까? 화장실로 들어간 나는 알 수 없는 자잘한 하얀색 물체가 바닥 전체에 깔린 것을 보고 깜짝 놀랐다. 설마 샴푸나 린스를 다 눌러서 바닥에 뿌려 놓은 것일까?

"이게 뭐야?"

"응, 재미없어서 재미있게 놀려고 화장지 가지고 놀았어."

온 바닥을 메운 하얀색 작은 덩어리들의 정체는 화장지였다. 화장지가 온 바닥 구석구석에 다 녹아있는 것을 보니, 재미있게 잘 논 것 같다. 역시 아이들은 놀이 천재다. 늘 해왔던 물놀이가 아니라 새로운 놀이를 찾는 아이들은 창의적인 존재다.

저 좀 봐요! 웃기죠?
: 웃음을 주는 아이

아이가 부모 앞에서 재미있는 원숭이 흉내를 내며 춤을 춘다. 아이를 키우는 것은 육체적으로나 정신적으로 힘든 일이다. 하지만 아이로 인해 웃을 일이 많아지고 힘든 일을 툭툭 털어낼 수 있을 때도 많다. 이러한 장난스러운 모습은 그 어디에서도 경험할 수 없는, 아이만이 부모에게 줄 수 있는 선물이다.

"엄마 나 좀 봐! 웃기지?"

아이들은 장난을 통해 에너지를 해소하고 호기심과 탐구의 욕구를 충족할 수 있다. 장난을 치고 싶어 하는 것은 지극히 정상적인 심리다. 다만 상황에 따라 부모를 당황스럽게 할 때도 있다.

다른 어른들도 있는데 바지를 내리고 '울라울라' 짱구 춤을 춘다면 아이를 가르쳐야 한다. 아이들은 부모의 반응을 통해 해도 되는 장난과 하면 안 되는 장난을 구분한다. 즉 아이들도 장난의 적정선을 알아가는 데 시간이 걸린다. 이때 장난의 허용 기준은 다른 사람들에게 피해를 주느냐, 안전상 문제가 되느냐, 관계에 부정적인 영향을 미치느냐의 여부다.

아이들은 생후 2~3개월부터 웃음의 횟수가 많아져 하루 400번 이상 웃고, 6세 때는 300번 정도 웃는다. 하지만 성인이 되면 점차 웃음을 잃어버려 평균 14번으로 급격히 줄어들고, 심지어 하루에 단 한 번도 웃지 않고 지내는 사람도 꽤 많다고 보고된다.

부모가 되어 웃음을 찾을 수 있는 것은 바로 아이들 때문이다. 과학적으로도 부모는 아이의 웃음소리를 들으면 뇌가 활성화된다. 아이가 부모를 향해 웃어주면 뇌에서 쾌감 회로가 활성화되면서 기쁨을 느끼고, 아이를 잘 돌봐주어야 겠다는 의욕이 솟아난다. 그리고 아이의 웃는 모습을 더 보고 싶고 웃음소리를 더 듣고 싶어 하며 아이의 웃음에 중독되고, 행복감에 빠져든다.

아이 입장에서도 웃음은 부모와 안정적인 애착 관계를 맺게 하고, 뇌 기능을 건강하게 키워준다. 여러분은 하루 몇 번이나 웃고 있는가? 아이의 웃음소리를 충분히 듣고 지내는가?

장난을 좋아하는 아이의 속마음

아이는 순수하게 재미있는 놀이를 하고 싶을 때뿐만 아니라 심심하다고 느낄 때도 장난을 친다. 가벼운 장난을 통해 부모나 주변 사람들에게 관심을 구하며 자신의 존재감을 드러내고자 한다. 장난을 하며 다른 사람들의 반응을 이끌어내는 것이 아이에게는 너무 재미있다.

나랑 놀아줘요. 나에게 관심을 가져줘요. 나를 한 번 봐줘요.

따라서 아이의 장난이 심한 경우 신경 써서 더 많이 관심을 두고 놀아주어야 한다. 아이들은 부모와 놀이를 하며 애착을 형성하는데, 제대로 충족되지 않으면 장난을 심하게 해서 필요한 욕구를 채우려 할 수 있다. 부모와 노는 것만큼 아이에게 좋은 것은 없다.

아이도 상대도 즐겁게 노는 법

아이도 즐겁고 다른 사람들도 재미있게 웃으면서 건강한 관계를 맺으려면 어떻게 양육하면 좋을까? 원숭이나 동물을 흉내 내거나 재미있는 표정을 짓는 것은 귀엽고 사랑스럽다. 하지만 상대방의 말을 따라 한다거나, "엄마는 하마래요"라며 사람의 신체나 특징을 가지고 약올리는 경우 적절한 훈육이 필요하다.

자신의 장난으로 인해 다른 사람이 불편할 수 있다는 사실을 모르는 경우도, 다른 사람들이 당황하거나 곤란해하는 것을 즐기는 경우도 있다. 이유는 다르지만, 두 경우 모두 해도 되는 장난과 해서는 안 되는 장난을 구별하여 설명해 주어야 한다. 부모가 감정적으로 대응하면 아이는 자신의 잘못을 모르고 오히려 부모를 피하게 된다.

형제자매간에도 처음에는 장난으로 시작했던 것이 서로 마음이 상하면서 싸움으로 번지는 경우가 있다. 그저 재미있고 즐겁게 놀고 싶었던 것이라고 할지라도 상대방의 마음을 상하게 했다면 단호하게 지적해 주어야 한다. 아이들의 심한 장난에 재미있어하는 반응을 보이면 습관처럼 굳어질 수 있다.

아이의 장난을 이해하되, 과한 장난을 받아주지 말자. 무엇이든 적절한 선이 있다. 적절한 선을 지키며 즐겁게 노는 방법에 대해 구체적으로 살펴보자.

첫 번째, 넘치는 에너지를 발산하고 분산시키는 활동을 제공한다.

활동성이 넘치는 경우, 다소 과한 장난을 하는 것으로 에너지를 발산하게 된다. 아직 에너지를 적절하게 표출하는 일에 서툴기 때문에 에너지와 활동성을 조절해 주는 것이 중요하다. 무작정 못 하게 하거나 혼내기보다는 에너지를 발산하고 분산시킬 수 있는 활동을 지속적으로 할 수 있도록 도와야 한다.

태권도, 축구, 줄넘기와 같은 활동적인 운동과 악기 연주, 미술 다양한 체험으로 에너지를 분산시켜 아이의 욕구를 표현할 기회를 주는 것이 좋다. 에너지를 발산하는 통로가 다양해지면 욕구를 적절히 조절하는 법을 배우게 된다.

두 번째, 과한 장난의 이유를 파악하고 상황에 맞게 반응해 준다.

아이에게 놀이란 생활이며, 살아가는 방법과 지혜를 익히고, 몸과 마음을 건강하게 자랄 수 있도록 하는 중요한 수단 중 하나이다. 자발적이며 능동적으로 즐겁게 놀 수 있다면 놀이에 대한 욕구가 충족된다.

하지만 부모와 충분히 시간을 가지지 못해 놀이의 욕구가 충족되지 않으면 아이는 장난을 함으로써 관심을 받고 싶어 한다. 특히 말로 적절하게 표현할 수 없을 때 과한 장난을 하는데, 이런 경우 혼나는 것도 관심이라고 생각하기 때문에 같은 패턴을 반복하며 더 과한 장난으로 발전할 수 있다. 이때는 놀고 싶어 하는 마음에 공감해 주되, 심한 장난으로 이어지지 않을 수 있도록 제지해야 한다. 왜 이런 장난을 하면 안 되는지 설명하고, 장난 대신 할 수 있는 놀이나 행동을 제안하는 것이 도움이 된다.

"왜 바지를 벗고 엉덩이 춤을 추었을까?"

"엄마가 나 안 봐주니까. 나는 엄마랑 놀고 싶은데."

"아, 그랬구나. 하지만 너의 소중한 몸을 다른 사람들에게 보여주면 안 돼. 다른 사람들이 불편해한단다. 다음에는 꼭 엄마한테 '엄마랑 놀고 싶어요. 함께 놀아요'라고 말해줘."

자신의 장난을 다른 사람이 어떻게 느끼지는 알지 못해 장난을 치는 경우도 있다. 4~5세는 아직 자기중심성이 강하고 사회성과 공감 능력이 발달하는 과정 중에 있어, 다른 사람이 어떻게 느끼는지를 잘 알지 못한다. 어느 정도의 장난이 적절한지 판단하지 못해 미숙하거나 과하게 행동하기도 한다. 친해지고 싶은 마음에 더 심한 장난을 치고, 짓궂게 행동해 친구들이 아이를 피하게 되는 경우가 있다.

이럴 때는 부모가 혼내고 끝내는 것보다, 아무리 장난이었다 하더라도 상대에게 사과를 하도록 가르쳐야 한다. 만약에 아이가 직접 친구에게 사과를 하지 못하겠다고 하면, 어떻게 말해야 하는지 가르쳐주고, 편지나 작은 선물에 진심을 담아 전할 수 있도록 돕는 것이 좋다. 아무리 장난이라고 해도 상대가 기분이 상하지 않는 선을 지켜야 하며, 상대의 마음을 잘 몰라 실수할 수 있지만 잘못을 사과하는 일은 용기있는 멋진 행동이라는 것을 가르쳐주어야 한다.

다 혼났으니까 이제 놀아도 돼요?
: 놀 생각에 빠져있는 아이

"선생님, 저희 아이는 제가 혼을 내고 나면 바로 웃으며 '아빠, 이제 나 놀아도 돼?'라고 물어봐요. 아이가 너무 해맑게 웃으며 말하니 당황스럽기도 하고 '부모를 무시하나?'라는 생각도 들어요. 학교 갔다 집에 와도 숙제보다 노는 것이 먼저예요."

부모 교육 중에 자주 들을 수 있는 고민이다. 만화에서 부모가 잔소리를 하면 그 말이 그대로 아이 귀를 통과하는 장면을 여러 번 보았을 것이다. 부모의 말이 끝나기가 무섭게 "아빠 할 말 다 했으면 저는 이제 놀게요"라고 해맑게 웃으며 말하는 아이가 당혹스럽고 어이가 없고 가끔 웃음도 나온다.

아마도 아이는 혼나는 동안 부모의 말이 끝나면 무슨 놀이를 할지 생각하고 있었을 것이다. 부모가 말하는 시간이 길어질수록 아이는 잔소리로 듣고, 이 시간이 끝나면 무슨 놀이를 할지 행복한 상상을 하며 그 시간을 보낼 가능성이 크다. 따라서 이런 아이에게는 간단명료하게 말하는 것이 더 효과적이다.

간혹 아이가 부모의 말을 무시한다고 느끼거나, 아이가 자신이 잘못한 걸 파악하지 못하고 있다고 생각할 수 있다. 하지만 이런 아이들의 머릿속은 98퍼센트가 놀 생각으로 채워져 있기 때문에, 혼나면서뿐만 아니라 잠을 자면서도 놀 생각뿐이다.

3~5세 아이들은 상상 놀이를 즐기고, 자신의 놀이 속에 빠진다. 놀이는 뇌 발달에 중요한데, 놀이를 통해 상대방의 감정을 느껴보고, 창의적인 문제를 해결할 힘을 키운다.

특히 기질적으로 놀이를 통해 상상력을 발휘하는 아이들에게 놀이는 거의 자신의 삶이다. 충분히 노는 경험을 더 많이 가져야 한다. 숙제나 해야 할 일을 모두 놀이식으로 경험해 보는 것도 도움이 된다. 사실 이 연령대의 아이가 놀지 않는다고 하면 이것이 더 큰 문제다.

최근에는 뇌 과학 연구를 통해서도 놀이가 전인적 발달에 중요한 역할을 한다는 사실이 밝혀졌다. 아이에게 노는 시간은 필수적으로, 아이는 놀이를 계획하고 제안하며 또래와 상호작용한다. 놀이는 자율적 선택의 기회가 되며, 자신과 자신을 둘러싼 세상에 대해 경험하고 배우는 계기가 된다. 정보 찾기, 대안 모색하기, 결과 고려하기, 책임 수용하기 등의 결정 기술을 연습할 수 있고, 스스로 의사 결정을 내리고 판단하며 문제를 해결해 나가는 등의 인지 능력과 탐색 능력, 자기 조절 능력 등을 길러준다.

청소년 심리를 전문으로 연구하는 미국의 심리학자 리비 포겔Livy Fogle은 부모가 아이의 놀이를 지지하면 아이는 자발적으로 놀이에 참여하며 스스로 자신의 잠재력을 이끌어낼 힘을 가질 수 있게 된다고 이야기한다. 이에 반해 놀이가 아동의 발달에 중요하지 않다고 생각하는 부모 아래서 크는 아이들은 또래와의 놀이에 잘 어울리지 못하거나 단절된 경향을 나타낸다고 보고했다. 이는 놀이에 대한 부모의 신념이 아이의 놀이 참여에도 영향을 미친다는 사실을 보여준다.

놀 궁리만 하는 아이의 속마음

아이들은 잘 놀아야 한다. 노는 것이 아이의 '일'이다. 우리가 매일 식사를 하듯이, 매일 놀아야 아이들의 욕구가 채워진다. 그러니 부모님께 혼나는 중에도 어떤 아이들은 귀로는 듣고 머리로는 무슨 놀이를 할지 놀 궁리를 한다. 부모가 말하는 내용에 집중하기보다 표정, 말투를 시각적으로 보면서 딴생각을 하고, 재미있는 상상으로 이어질 가능성이 크다.

혼나는 건 너무 재미없어. 내가 잘못한 건 알고 있어요. 이제 뭔가 재미있는 것 없을까? 뭐 하고 놀면 재미있을까? 아, 그래 옥토넛 가지고 놀아야겠다. 그런데 아직 엄마 말씀이 안 끝났네. 그럼 옥토넛으로 바다 여행을 좀 더 깊은 곳으로 갈까? 어, 깜짝이야. 엄마가 화가 많이 나셨네. 엄마를 어떻게 재미있게 웃겨주지? 엄마의 얼굴이 못생겨지고 있네. 엄마의 목소리가 커졌어. 꼭 마녀 같다. 그래, 마녀는 백설 공주에게 사과를 줘서 잠을 재웠지.

놀이로 창의성을 키워주는 법

이런 아이들을 양육하고 있다면, 아이 때문에 웃을 일도 많지만 당황스러울 때도 많을 것이다. 매 순간 놀 궁리뿐인 아이에게는 다른 방향으로 접근해야 한다.

첫 번째, 잔소리도 잘하면 아이의 인생을 바꾼다.

부모 교육 중에 아이에게 잔소리를 많이 하는지 물어보면, 그렇다고 대답하는 이들은 거의 없다. 그런데 아이들에게 물어보면 부모님이 잔소리를 많이 한다고 대답한다. 부모는 잔소리를 하면서도 정작 자신은 잔소리를 안 한다고 인식하는 경우가 많다.

잔소리가 부정적인 것만은 아니다. 잔소리에는 아이의 인생을 바꾸는 힘이 있다. 다만 잔소리를 잘해야 한다. 대부분 부모가 잔소리를 하는 이유는 아이의 잘못된 행동 때문에 감정이 상해서다. 그러다 보니 화난 상태로 이야기를 하게 되고, 감정을 담아 아이를 비난하게 된다. 아이는 마음의 상처를 받고, 부모는 일시적으로 스트레스가 해소되긴 하지만 시간이 지나면 아이에게 미안한 마음이 든다.

잔소리를 잘하기 위해서는 본래의 목적에 맞추어 이야기를 해야 한다. 잔소리의 적절한 타이밍은 일이 일어난 즉시 지적한 후 바로 끝내는 것이다. 처음에는 화가 났다, 실망했다, 놀랐다 등 부모의 감정 상태를 말하며 아이에게 말을 들을 마음의 준비를 시켜준다. 그다음으로는 아이의 행위가 왜 잘못되었는지를 이야기하고 고쳤으면 하는 대안을 제시한다. 같은 말을 반복하거나 다른 아이와 비교하지 말고, 한 가지씩 짧게 말하는 것이 좋다.

"집 안에서 뛰어다니면 안 돼! 아래층 아저씨가 시끄러워서 쉬실 수가 없어."

"그럼 스파이더맨처럼 어떻게 사람을 구해줘?"

"스파이더맨도 집에서는 뛰지 않고, 밖에서만 거미줄을 날리잖아. 어떻

게 사람들을 구할지 5분 동안 생각하고 있어. 아빠 설거지 끝나면, 놀이터 가서 스파이더맨 놀이 하자."

두 번째, 놀 시간과 놀 공간을 적극적으로 확보해 준다.

아이는 늘 '오늘 뭐 하며 놀지?'라고 생각하지만, 부모는 '어떻게 노는 시간을 확보해 줄까?'에 대한 생각을 많이 하지 않는다. 특히 아이가 초등학생이 되면, 방학 계획에 공부만 있고 놀 시간은 빠져 있는 경우가 많다.

놀이 계획이 없으면 게임과 미디어에만 빠지게 될 가능성이 많다. 아이마다 놀이 방법과 선호하는 놀이는 다를지언정, 모두가 놀고 싶다는 마음이 크다는 것은 같다. 초등학교 저학년 때까지는 충분히 놀 시간을 주다가도 고학년이 되면 확 줄이는 경우가 있다. 하지만 노는 시간은 반드시 확보해 주어야 한다. 하루 정해놓은 학습량이 있는 것처럼, 놀이 시간도 하루 일과에 계획으로 정해져 있어야 한다.

아이들은 놀이에 진심이다. 여덟 살 첫째 아이가 저녁 열 시가 되어 잠잘 시간인데 갑자기 "엄마, 나도 혼자서 놀 시간이 필요해"라고 이야기했다. 그러더니 책상 밑에 들어가 미니 딱지 열 개를 가지고 혼잣말을 하면서 놀기 시작했다.

그런 날은 조금 늦게 잠을 자더라도 30분 정도 혼자만의 놀이 시간을 준다. 혼자 노는 시간은 아이가 하루 중 하고 싶은 것을 마음대로 할 수 있는 소중한 시간일 것이다. 어린이집이나 학교에서 친구들하고 논다고는 하지만 자신이 하고 싶은 것을 마음껏 하지는 못했을 것이다. 잠자는 시간이 조금 늦어질지언정, 아이에게 '하지 마'보다 '한번 해봐'라는 말을 해주는 부모가 되었으면 좋겠다. 아이들에게 놀이를 적극적으로 허용하는 부모이길 바란다.

세 번째, 딴생각하는 아이가 세상을 다르게 본다.

프랑스의 그림책 작가인 마리 도를레앙Marie Dorléans이 쓰고 그린 《딴생각 중》은 유난히 딴생각을 많이 하는 아이에 대한 이야기다. 아이는 어린 시절부터 해온 오랜 딴생각의 결과 위대한 작가가 된다. 우리는 아이들에게 호기심을 가지고 기발한 상상력에 집중할 기회를 주지 못하고 있는 건 아닐까? 딴생각을 하면 주의가 산만하거나 집중력이 낮다고 이야기하지만, 사실 딴생각은 세상을 다르게 보는 창의적인 생각이다.

네 번째, 비워야 창의적인 놀이가 채워진다.

유아기 때 부모는 옆에서 함께 놀아주거나 장난감이 있어야 한다고 생각한다. 하지만 실제로는 부모가 개입하지 않거나 아무런 장난감이 없을 때 아이들은 창의력을 발휘하여 놀이를 만들며 논다.

아이에게는 빈둥거릴 시간이 필요하다. 이렇게 빈둥거리고 한가한 시간이 있어야 진정한 창작 놀이가 나온다. 그런데 빈둥거리거나 멍하니 있는 것을 참지 못하는 부모들이 있다. 아이들에게 한가한 시간이 있어야 놀 궁리를 하고, 안 하던 생각도 나올 수 있다. 시간이 비워져야 아이가 스스로 채울 수 있다.

다섯 번째, 체험 활동의 목표는 학습이 아니라 상호작용이다.

체험 활동으로 아이들이 살아있는 경험을 하길 바라는 부모들이 많다. 그런데 체험 활동의 목표를 학습에 둔다면, 부모는 체험 활동 내내 분주하기만 하다. "와, 이거 재미있겠다" "이거 해봐" "이것 봐봐"라며 모든 체험을 주도하게 된다. 부모는 아이가 호기심을 가질 수 있도록 안내하고 싶은 마음이겠지만, 자칫 아이가 스스로 관심을 가질 기회를 막는 것일 수 있다.

부모는 주려고만 하고 아이와 주고받는 시간을 기다려주지 못할 때가 많다. 조금 뒤로 물러서서 아이가 관심을 가지는 것이 무엇인지 따라가 보면서 상호작용하는 것을 목표로 하는 것이 좋다. 아이가 반응하는 데 시간이 걸리더라도 충분히 기다려주며, 아이의 눈높이에서 체험 활동을 따라다녀 보자.

발레는 그만 할래요! 태권도 다니고 싶어요
: 하고 싶은 것이 많은 아이

"선생님, 아이가 관심 분야가 자주 바뀌어요. 이제 좀 하네 싶으면 다른 것에 관심을 가지고, 원래 하던 건 그만두고 다른 것을 배우고 싶다고 해요."

"발레, 축구, 레고 놀이, 수학, 미술…. 아이가 다 너무 재미있어 하는데 일정이 너무 빡빡해서 걱정돼요. 아이가 좋아하니 다 시켜줘야 할까요?"

흥미를 가지는 주기가 짧아 3~6개월 단위로 새로운 것을 배우고 싶어 하는 아이는 자연스럽게 다양한 경험을 하게 된다. 아이의 오감 발달을 위해 문화 센터를 다니며 다양한 경험을 하도록 하는 부모도 있고, 아이가 자라면서 배우고 싶어 하는 것이 많아 하나씩 시켜주다 보니 어느새 일주일 스케줄이 다양한 활동으로 촘촘하게 짜이는 경우도 많다. 아이가 힘들어하지 않을까 걱정이 되면서도 아이가 원하면 계속 지원해 주고 싶은 것이 부모의 마음이다.

흥미는 생애 초기부터 나타나는 매우 기본적인 정서로, 새로운 자극이나 환경에 즉각적으로 반응한다. 흥미 발달은 외부 환경의 영향을 많이 받기 때문에 적절하게 환경을 조성하는 것이 중요하다. 외부의 지원과 부모와의 상호작용을 통해 아이는 전 영역에 걸쳐 흥미와 즐거움을 경험할 수 있다. 부모는 아이에게 다양한 경험을 제공하고 아이가 어디에 관심을 가지는지 관찰해야 한다.

책 읽기, 그림 그리기, 과학 실험, 조작 놀이, 노래 부르기…. 이 중에서 여러분의 아이는 어떤 영역에 흥미를 가지고 집중하는가? 아이들은 다양한 활동을 경험하다 특정한 분야에 흥미가 생기고, 그러한 과정에서 뛰어난 소질을 발견한다.

다 해보고 싶은 아이의 속마음

흥미의 지속 기간이 짧고 다양한 경험을 하고 싶은 아이는 어떤 속마음을 가지고 있는 것일까? 기질적으로 재미와 행복에 대한 욕구가 강한 아이들은 어떤 교육을 받더라도 선택의 기준은 흥미일 때가 많다. 그래서 재미가 없어지거나 궁금했던 것이 어느 정도 해소되면 그만두려 할 수 있다.

이런 아이들은 충분히 배웠다고 생각하거나, 수준이 너무 높거나 낮다고 생각되면 흥미를 잃곤 한다. 다른 것이 더 재미있어 보이는 경우에도 관심사가 금세 다른 것으로 옮겨간다. 그중에서도 장난감에 대해서는 그 안에 상상할 수 있는 '스토리'가 빠진 경우 금세 싫증을 느낀다. 어느 장난감이든 부모와 상호작용하며 새로운 이야기를 만들어내는 과정이 없다면 흥미의 주기가 짧아진다.

엄마, 이건 새로울 것이 없어요. 처음에 새로 나왔을 때는 신기했는데, 몇 번 하고 나니 어떻게 하는지 알겠어요. 이제 새로운 걸 배우고 싶어요. 분명 또 재미있는 것이 있을 거예요. 다른 것도 너무 궁금해요. 세상은 호기심 천국이에요.

하고 싶은 것이 많은 아이는 일명 '멀티'가 가능한 아이로 새롭게 배우는 것을 좋아하고, 익숙해지면 또 다른 걸 배우고 경험해 보고 싶어 한다. 이러한 친구들은 한 가지를 깊이 아는 것보다 다양하게 알아보고 싶고, 세상에 궁금한 것이 많다. 그리고 새롭게 배우는 것이 즐겁기만 하다.

아이가 적절히 흥미를 추구하도록 돕는 법

흥미의 주기가 짧고, 하고 싶은 것이 많은 아이를 양육할 때는 몇 가지의 기준이 필요하다.

첫 번째, 아이의 발달에 적합한지 고려한다.

아이가 관심을 가지고 배우고 싶어 할 때 아이의 발달 수준에 맞는지 점검해야 한다. 수준이 낮으면 흥미가 떨어지고, 수준이 높으면 좌절감을 경험하게 된다. 수준이 적절하면 자연스럽게 집중하며 재미있어하지만, 수준에 맞지 않으면 싫증을 내거나 산만해질 수 있다.

그렇다고 해서 아이의 재미에만 초점을 맞추어 선택하면 안 된다. 무언가를 새로 배운다는 것이 늘 재미있기만 한 것은 아니기 때문에, 여러 가지 상황을 고려해서 판단할 필요가 있다. 아이가 '재미없다'고 할 때, 선생님이나 친구와 어떠한 일이 있었는지, 난이도가 너무 높거나 낮은지 등을 종합적으로 고려해야 한다.

두 번째, 큰 틀은 부모가 결정하되 선택권은 아이에게 준다.

호기심이 많은 아이를 키우는 부모라면 아이에게 도움이 되는 것이라면 다 시켜주고 싶다. 하지만 아이들은 다양한 경험을 할수록 하고 싶은 것도 많아진다. 부모 입장에서는 어디까지 아이가 원하는 것을 들어주어야 하는지 혼란스럽다.

아이의 의견을 존중하고 싶지만, 아직 아이가 어려 모든 것을 결정하거나 선택할 수는 없다. 이럴 때는 부모가 아이의 발달과 흥미를 고려하여 몇 가지 기준을 세우고, 그 안에서 아이가 선택하도록 한다. 아이가 원하는 것을 다 해주는 것이 좋은 것은 아니다. 다양한 경험이 아니더라도 한 가지를 오랫동안 깊이 있게 배우는 경험도 필요하다.

세 번째, 아이의 체력과 집중력도 중요한 고려 요소다.

아무리 하고 싶은 것이 많은 아이라 해도, 현실적으로 모든 걸 다 시켜줄 수는 없다. 경제적인 여건상 한 달 동안 아이를 위해 사용할 수 있는 예산이 정해져 있고, 아이가 한꺼번에 많은 것을 소화할 수 있는 것도 아니다.

아무리 좋은 활동이라고 할지라도 과유불급이다. 아이가 아무리 하고 싶어 해도 아이의 시간과 체력을 생각해야 한다. 뇌는 쉬는 동안 기존에 배웠던 것들을 기억하고 저장한다. 끊임없이 다양한 체험을 하고 많은 것을 습득한다고 해서 그것이 온전히 아이의 자산으로 쌓이는 것이 아니다.

특히 아이가 어릴 때는 너무 많은 선생님에게 배우는 것도 혼란을 줄 수 있다. 선생님마다 요구하는 바와 표현하는 방식, 아이에게 주는 피드백이 다르기 때문이다. 눈치가 빠른 아이라면 그때그때 잘 대처하겠지만, 자칫 산만해질 수도 있다. 다양하게 관심을 가지고 흥미를 느끼는 것도 중요하지만, 선택과 집중을 통해 지속할 수 있도록 돕는 것도 필요하다.

우아, 이거 재밌겠다! 어! 저거 재밌겠다
: 집중하지 못하는 아이

"선생님. 저희 아이는 에너지가 많고 잠시도 가만히 있지 않고 움직여요. 여러 가지 놀이를 동시에 하고 싶어 하고, 놀잇감을 늘어놓고 치우려 하지 않아요. 블록을 갖고 놀다가 자동차를 꺼내서 놀고, 어느새 카드를 꺼내서 놀다가 바닥에 구슬을 잔뜩 늘어놓아요. 집에서만 그런 것이 아니라 어린이집에서도 한 가지 놀이에 집중하지 못한다고 하니 걱정이 많아요."

아이가 한 가지 놀이에 집중하지 못하고 산만하다면 부모는 불안하다. 특히 어린이집이나 학교에서 아이가 산만하다고 연락이 오면 부모는 긴장이 된다. 실제 상담실에도 아이가 산만해서 고민이라고 찾아오는 경우가 많다. 산만한 아이는 한 가지 놀이에 집중하는 것을 어려워하고, 주어진 일을 완수하는 데 시간이 오래 걸리며, 시작한 것을 끝마치지 못하기도 한다. 이런 이유로 아이는 주변으로부터 부정적인 반응과 꾸중을 받게 된다.

산만함의 원인을 세 가지로 살펴볼 수 있는데, 첫 번째는 환경적인 원인으로 장난감과 미디어의 영향이다. 단순하게 조작 가능하거나 손을 움직이지 않아도 되는 장난감, 눈으로만 즐기는 미디어는 아이의 생각하는 힘과 활동성을 축소시킨다. 이는 한 가지 놀이를 지속할 동기를 잃게 하고, 더 재미있고 더 자극적인 놀이를 추구하게 하여 아이를 산만하게 만든다.

두 번째로 부모의 양육 태도가 아이를 산만하게 할 수 있다. 기질적으로 자극 추구가 높은 아이들은 주변 사물에 관심이 많아 만져보고 움직여 보는 등 탐색하는 것을 좋아한다. 하지만 부모가 이를 제한하거나 화를 내면 아이는 큰소리로 화내는 환경에 익숙해져 조용한 환경에서 불안을 느끼고, 오히려 집중력이 낮아질 수 있다. 반대로 자극 추구가 낮은 아이의 경우, 부모가 아이의 호기심을 유발하고자 여러 가지 장난감과 놀이로 과도하게 자극을 준다면 아이가 잘 받아들이지 못해 불안을 느끼며 집중력이 저하된다. 주도성이 결여되어 자신의 능력을 발휘하지 못해 산만함으로 이어질 수 있다.

세 번째는 산만한 기질을 타고났을 수도 있다. 보통 까다로운 기질의 아이들이 외부 자극에 민감하게 반응한다. 아이들이 걸음마를 시작하여 돌아다니면 모두 논다고 생각하지만, 사실은 이것저것 새로운 놀잇감을 건드리기만 하고 놀지 못하는 경우도 있다. 걸음마를 갓 시작한 아이들에게 볼 것, 만져볼 것이 많은 것은 당연하다. 하지만 나이가 들었는데도 계속해서 집중하지 못한다면 걱정이 될 수밖에 없다.

이것도 저것도 재밌는 아이의 속마음

산만한 아이는 놀이 또는 학습에서 집중하지 못하거나 감정의 기복이 심하고 짜증을 많이 내는 모습을 보인다. 대부분은 우울과 불안이 그 원인으로, 부모가 자주 화를 내거나 무섭게 혼내는 환경에서 자랐을 수 있고, 잦은 부부 싸움을 목격한 것일 수도, 혹은 더 어린 시절 애착의 문제거나 사고나 재해로 인한 트라우마 때문일 수도 있다.

마음이 불안해서 가만히 있을 수 없어요. 재미있는 것이 많아 집중할 수가 없어요. 나 힘들어요. 도와주세요.

우울하고 불안한 이유가 무엇인지 부모가 먼저 이해하는 것이 중요하다. 산만한 아이를 위해 크게 다음의 두 가지를 헤아릴 수 있다.

첫 번째로 불안한 아이는 시각이나 청각에 있어 작은 자극에도 민감하게 반응한다. 예민한 기질을 타고났을 수도 있고, 양육 환경 때문일 수도 있다. 불안한 부모는 대부분 아이를 참고 기다려주지 못하고 채근하고 혼내며 강박적으로 훈육한다. 이러한 환경이 지속되면 아이는 불안한 아이로 성장하게 된다. 그러므로 아이를 둘러싸고 있는 환경이 정서적으로 기복이 심하거나 물리적으로 어수선하지 않은지 살펴봐야 한다.

두 번째로 아이의 우울함은 매우 여러 가지 양상으로 나타난다. 우울한 아이는 에너지 수준이 낮아 산만하고, 혼자 치우지 못해 어지르며, 어린이집에서도 놀이나 단체 활동에 거의 참여하지 못하고 자신이 해결할 수 없다고 느끼는 일들에 대해서는 '징징거리며' 울음부터 터뜨린다. 아이는 스스로 감당하기 힘든 화를 밖으로 표출하지 못하고 내재화한다. 이로 인해 산만한 행동을 보이는 것인데, 사람들은 이를 알지 못해 부모뿐만 아니라 주변 어른에게 많이 혼나게 된다. 아이의 불안과 우울에 공감하고 수용해 주어야 한다. 아이를 다그치기보다 아이가 어려워하는 것에 대해 이야기하며 스스로 문제를 해결할 수 있도록 도와주자.

산만한 아이에게 안정감을 찾아주는 법

아이를 관찰하면 천천히 신중하게 알아가는 아이인지, 빠르게 습득하고 싫증 내는 아이인지 파악할 수 있다. 후자의 경우라면, 정서적으로 안정감을 주고자 노력하는 부모의 태도가 아이의 산만함을 잠재워줄 수 있다.

첫 번째, 가정의 분위기를 안정적으로 만들어준다.

가정이 정서적으로 안정되어 있으면 아이도 차분하고 안정적으로 행동할 수 있다. 훈육해야 할 때는 단호하고 엄하게 하되 소리를 지르거나 비난하거나 체벌하지 않는다. 소리를 지르거나 비난하는 훈육은 아이의 집중력을 떨어뜨리고 불안을 가중해 산만하게 행동하도록 한다. 부모가 하는 말과 행동이 정말 아이에게 도움이 되는지 늘 스스로 돌아보자. 부모는 아이에게 도움이 된다고 생각해 혼내거나 체벌하지만, 결과적으로는 아이에게 불안을 준다.

두 번째, 아이의 긍정적인 부분을 찾아준다.

산만한 아이들에게도 긍정적인 부분이 있다. 감정 표현이 풍부하며 유머 감각이 있고, 사회적인 관심이 높고 호기심이 많다. 배우는 속도가 빠르고 창의적이기도 하다. 긍정적인 행동은 촉진될 수 있도록 하고, 부정적인 행동은 줄어들 수 있도록 도와야 한다. 아이가 가지고 있는 좋은 점을 찾아주고, 넘치는 에너지와 활기를 충분히 발산할 수 있는 기회를 주도록 하자.

한편 부모의 마음을 잘 설명해서 아이가 자신의 행동을 스스로 조절할 기회를 주도록 한다. 예를 들어 우리 아이는 어린이집 언덕에서 씽씽카를 썰매처럼 앉아서 내려올 때가 있었다. 아이에게 이렇게 말해주었다.

"씽씽카를 썰매처럼 타고 내려가면 너무 재미있고 즐거운 것 알아. 용감한 네 모습에 엄마도 뿌듯한데 언덕에서 타고 내려가면 혹시 차가 갑자기 나타나거나, 네가 다칠까 봐 많이 걱정이 돼. 씽씽카는 평지에서만 타거나, 놀러갈 때 가지고 가자."

아이는 비난받지 않으면서 스스로 행동을 조절하는 방법을 배우고, 존중받고 이해받는 경험을 한다.

세 번째, 한 번에 한 가지씩 지시하고, 즉각적이고 구체적인 보상을 제시한다.

설거지하면서 아이에게 등 뒤로 말할 때가 있다.

"수저통과 물통 가지고 와."

그러면 아이는 당연히 말을 잘 듣지 못한다.

아이와 눈을 맞추어, 한 번에 한 가지만 지시해야 한다. 주의 집중력이 낮은 아이는 한 번에 두 가지를 수행하기 힘들다. 산만한 아이는 양이 너무 많거나 오랜 시간이 드는 과제를 주면 곧 싫증을 내다가 결국 포기해 버린다. 구체적인 한 가지 행동만 목표로 삼고 짧은 과제를 내주는 것이 좋다.

제시의 내용은 간단하고 명료해야 한다. 문장이 길면 집중도가 떨어진다. 부모가 말한 것을 아이가 다시 말해보도록 하는 것도 좋다. 스스로 다시 말하면서 부모의 지시사항을 숙지하고 행동으로 옮길 수 있다.

또한 아이가 노력하는 모습을 보이면 즉각적인 보상을 제시해야 한다. 주의력과 집중력이 낮은 아이들은 작은 칭찬과 격려로 자라난다. 완벽한 아이는 없다. 우리 아이가 잠재력을 가지고 천천히 성장하고 있다는 사실을 기억하자.

네 번째, 충동적인 행동에 중립적으로 대한다.

순간적으로 아이가 부모를 때릴 때가 있다. 그럴 때는 손을 잡고 눈을 보면서 "잠깐, 아빠 아파서 안 돼"라고 말한다. 정말 쉽지 않겠지만, 혼내거나 놀란 말투보다는 중립적인 느낌을 주도록 노력한다. 행동이 과격해지는 순간 "잠깐, 여기까지만" 하고 개입해야 한다. 하지만 아이가 자신의 힘을 적절히 조절했을 때는 즉각적으로 격려해 준다.

아이가 과하게 놀아 조절이 안 되어 주변에 피해를 주거나 안전상에 문제가 된다면 그 놀이는 그만두게 해야 한다. 이때는 길게 설명하기보다 짧고 천천히 낮은 톤으로 간결하게 말한다.

"미끄럼틀을 반대로 올라가는 것은 위험해. 네가 다칠 수 있어. 계단으로 올라가지 않으면 미끄럼틀을 더 탈 수 없어."

에너지가 많고 활기가 넘치는 아이들은 특히 노는 과정에서 과격한 행동을 보일 때가 많다. 놀이에 몇 가지 지침을 정해두는 것이 도움이 된다.

첫 번째, 집중할 수 있는 놀이 환경을 만들어준다.

산만한 아이는 주변 상황에 쉽게 자극을 받기 때문에 자극의 양을 줄여 집중할 수 있는 환경을 만들어주어야 한다. 놀이방에 너무 많은 장난감을 진열하기보다 상자 안에 뚜껑을 닫아서 보관하는 것이 좋다. 놀잇감도 여러 개를 한꺼번에 제시하기보다 하나씩 가지고 놀도록 하는 것이 좋다. 박물관, 미술관처럼 조용한 장소보다 놀이공원같이 에너지를 발산할 수 있는 곳을 더 자주 방문한다.

두 번째, 아이에게 놀이의 주도권을 준다.

부모가 놀아준다는 것을 적극적으로 개입하거나 말을 많이 해야 하는 것으로 생각할 수 있다. 하지만 그보다는 옆에서 관심을 두고 지켜보되, 아이가 무언가를 요청하거나 말을 시켰을 때 함께 해 주면 된다.

여섯 살이 된 우리 아이가 "엄마, 함께 놀자"라고 말하며 내 손을 잡고 놀이방으로 데리고 갔다. 상호작용 놀이를 하려고 말을 시켰는데, 아이는 엄마가 자신이 하라는 대로, 시키는 대로 해주길 원했다. 엄마가 자신이 노는 모습을 지켜보고 말을 들어주기를 바랐던 것이다. 아이가 늘 같은 방식으로 놀이를 하는 것은 아니지만, 아이가 주도권을 가지고 놀려고 할 때는 그대로 따라주는 것이 좋다. 상호작용하는 것이 좋다고 하여 언제나 대화를 주고받는 놀이를 해야 하는 것은 아니다.

물론 아이에게 주도권을 주고 놀게 하라는 것이 아이 혼자 놀게 내버려두라는 것은 아니다. '옆에만 앉아 있으면 된다는 거네' 하고 핸드폰을 본다거나 하면, 아이는 바로 함께하지 않는다는 사실을 알아차린다. 주도적으로 노는 아이도 놀면서 자신이 이야기하는 것을 들어주길 바라는 마음이 크다. 집안일도 많고 해야 할 일도 많지만, 아이와 놀아주는 하루 20~30분은 핸드폰은 멀찍이 두고 집중해서 함께해 주길 바란다.

세 번째, 인형과 역할놀이를 해본다.

2021년 영국 카디프대학교Cardiff University 연구진이 아이들이 인형 놀이를 할 때와 태블릿을 가지고 놀 때 뇌의 변화를 연구한 결과를 발표했다. 결과적으로 태블릿을 가지고 노는 아이는 게임 속 캐릭터와 이야기는 하지만 역할놀이를 하지는 않았다. 하지만 인형을 가지고 노는 아이들은 역할놀이를 하며, 인형과의 의사소통을 통해 다른 사람의 생각과 감정, 기분에 대한 메시지를 내면화한다는 사실을 발견했다.

뇌 스캔 결과 아이들이 인형과 내면의 언어로 대화를 나누는 동안 후측 상측두구의 뇌 활동이 증가했다는 사실을 확인할 수 있었다. 후측 상측두구는 사회적 처리 및 감정 처리 기술 발달에 관여하는 영역이다. 즉 인형과 역할놀이를 하는 것은 사회적, 정서적 처리 속도를 높이고 공감 능력과 사회적 기술을 형성하게 한다. 산만한 아이들의 경우 게임을 할 때 자극에 더 민감하게 반응할 수 있기 때문에 주의가 필요하다.

네 번째, 자유로운 신체 활동과 규칙이 있는 놀이를 적절한 비율로 조합한다.

아이가 에너지를 발산할 수 있도록 자유롭게 노는 시간은 꼭 필요하지만, 산만한 행동을 줄이기 위해서는 명확한 규칙이 있는 놀이가 도움이 된다. 주의가 산만한 아이는 전후 상황을 고려하지 않고 순간 자신이 하고 싶은 것을 바로 행동으로 옮긴다. 이러한 충동성으로 인해 문제 상황이 자주 발생하여 꾸중을 듣거나 또래 관계에서도 갈등을 빚는다. 충동성을 조절하기 위해서는 자기 조절 능력을 길러야 하는데, 이를 위해서는 먼저 '만족 지연'을 할 줄 알아야 한다.

만족 지연이란 더 큰 결과를 위하여 당장의 즐거움을 참고 인내하는 능력이다. 몸을 사용하는 신체 놀이가 만족 지연에 도움이 된다. '무궁화 꽃이 피었습니다' '즐겁게 춤을 추다가 그대로 멈춰라' 등을 추천하고 싶다. 처음에는 만족 지연을 제대로 하지 못하고, 규칙을 어기기도 하지만 꾸준히 반복하며 여러 번 시도해 보자. 부모가 친절하게, 천천히 아이의 넘치는 힘을 조절할 수 있도록 도와준다. 아무리 아이가 원해도 감당할 수 있을 만큼의 놀이만 수용한다. 허용적인 부모가 되기보다는 수용적이고 민주적인 부모가 되어야 한다.

자유롭게 이완할 수 있는 놀이는 스트레스를 해소해 주지만, 산만한 아이들에게는 크게 도움이 되지 않을 수 있다. 밀가루나 미역 등을 활용하여 놀이를 했을 때, 단순히 자유롭게 가지고 노는 것에서 끝나는 것이 아니라 아이와 함께 작품을 완성하거나 정리하며 놀이를 마무리하는 것이 좋다. 차분하게 앉아서 하는 활동 중 블록 놀이, 그림 색칠하기, 그림 따라 그리기, 퍼즐 놀이 등은 정확한 결과를 볼 수 있어 도움이 된다. 놀이의 성격이 한쪽으로 치우치지 않고 적절하게 조합된다면, 아이가 자기 조절 능력을 키우는 데 도움이 된다.

04

주도의 언어로 말하는 아이에게

자기 조절 능력을 발달시키는 인정의 경청법

동생 미워요!
동생 없었으면
좋겠어요.

서툰 말 속에 숨은 아이의 진짜 속마음

"저도
똑같이
대해주세요"

"왜 저와는
함께 시간을
안 보내주세요?"

"저 보세요.
저 이것도
해낼 수 있어요."

"내가 할래" "내 거야!" 유독 자기 의사를 잘 표현하는 아이들이 있다. "화가 나" "동생이 미워"라고 단도직입적으로 감정을 드러내기도 한다. 한편으로는 부모가 조금만 언성이 높아져도 "지금 엄마 아빠 싸우는 거야?"라며 싸움을 말리려고 한다.

주도적으로 표현하고, 감정을 잘 드러내며 갈등 상황에서 중재하려는 아이들은 주로 자기주장이 강하고 도전하는 것을 좋아한다. 집단이나 친구들과의 관계에서 책임감 있는 리더 역할을 도맡는다. 친구들이 자신을 따라주면 여러 가지 방법을 모색해서 친구들이 흥미를 가지고 참여할 수 있도록 이끈다. 적극적으로 상황에 맞서기 때문에 형제자매나 친구들은 든든하고 보호받고 있다고 느낀다. 의지가 강하고 어느 그룹에 속하든 함께하려고 하여 소속

감을 주기도 한다. 대화할 때에는 직선적이면서 꾸밈이 없다.

하지만 한편으로는 친구들이 자신의 의견에 따라주지 않으면 금방 의기소침해지거나, 친구가 제안한 다른 놀이를 거부하고 혼자 놀기도 한다. 친구들과의 관계에서 통제하는 경향을 보이기도 해서 배려심이 부족하다고 느껴질 수도 있다.

이러한 아이들은 의사결정에서 자신의 영역을 지킬 수 있는 방식을 고민하며, 권위와 힘의 논리를 따르기도 한다. 그래서 부모와의 관계에 있어서도 명확한 경계와 서열에 따른 지침을 제시해 주면 오히려 편안해하며 쉽게 수긍한다. 내가 할 수 있는 것과 할 수 없는 것, 좋아하는 것과 싫어하는 것, 어른과 아이, 형제자매 순위 등의 경계선이 명확해야 관계를 맺을 때 안정감을 느낀다.

몇 가지 질문을 통해 아이만의 고유한 주도의 언어를 확인해 볼 수 있다.

- 엄마와 사람들이 어떻게 할 때 화가 나?
- 엄마가 어떻게 해줄 때, 엄마가 너의 의견을 들어준다고 생각해?
- 엄마가 어떤 것을 해줄 때, 너의 뜻대로 해주는 것 같아?
- 1에서 10까지 중에 너는 얼마만큼 원하는 대로 지내고 있는 것 같아?

주도의 언어를 쓰는 아이라면, 어떤 고유의 주도의 언어로 대화하길 원하는지 아이에게 직접 물어보자.

주도성은 대부분 6세 때 형성되어 12세가 되면 거의 완성된다. 영유아 시기부터 주도성을 키우기 위해 작은 부분을 선택하게 하는 것이 중요하다. 〈3~5세 연령별 누리 과정〉은 유아가 자발적이며 적극적으로 참여할 수 있는 놀이를 계획하여 제공하는 것이 필요하며, 유아가 놀이 계획, 선택 및 수행, 평가의 기회를 가질 수 있도록 지도해야 한다고 강조한다.

주도성이란 아이가 스스로 과제를 선택하여 끝까지 수행하는 기술로서 계획, 선택, 결정, 추진 등의 과정이 포함된다. 아이는 이 과정에서 성취감을 느끼고 스스로를 생산적인 존재로 인식하게 된다. 자기 주도성에는 타인의 정서를 인식하는 능력, 자기 조절 능력, 타인과 의사소통할 수 있는 능력, 자신의 생각을 계획하고 실행하며 끈기 있게 임하는 능력이 포함된다.

2014년 EBS 다큐프라임 〈행복의 조건, 복지국가를 가다〉 4부 보육 편 방송을 보고 신선한 충격을 받았다. 프랑스 한 영유아 보육 기관에서 점심을 뷔페식으로 놓고, 1~2세 아이들이 식판에 자신이 먹을 만큼 덜어서 먹는 모습이었다. 스스로 해결하는 능력과 자발성을 길러주기 위해서였다.

밥을 먹는 데 시간이 많이 걸렸지만 불평하는 부모는 없었다. 주도적으로 수행하도록 하는 시스템이 학교에 갈 때 잘 적응하도록 도와준다고 생각하기 때문이다. 3~5세의 아이들에게도 학습에 도움이 필요하다면 기꺼이 개입하지만 혼자 공부할 수 있는 아이에게는 바로 문제를 내준다. 주도적으로 학습하는 능력을 갖게 하기 위해서다.

우리나라도 자기 주도 학습이 한참 교육계의 이슈였다. 온갖 학원과 학습지가 '자기 주도 학습'이라는 말로 마케팅을 했다. 하지만 프랑스처럼 영유아 시기에 자신이 선택하고 시도해 보지 않았는데, 초등학교에 가서 자기 주도 학습을 한다는 것은 쉽지 않다. 특히 최근에는 코로나19로 인해 아이들이 학교에 다니지 못해 스스로 시간을 관리하고 학습하는 힘이 준비되지 않아 교육에 대한 우려가 큰 상황이다.

더욱이 우뇌가 발달하는 시기에는 사람들의 표정을 보며 다양한 감정을 인식하고 표현하며 성장해야 하는데, 3년간 마스크로 얼굴의 반이 가려져 다양한 감정을 느끼고 공감 능력과 사회성을 키우는 데도 어려움이 있다. 결과적으로 감정 및 행동에 대한 자기 조절 능력을 키우기 힘들어졌다.

자기 조절 능력은 장기적인 목표를 성취하기 위해 스스로 문제를 신중하게 계획하고 해결하며 평가할 수 있는 능력이다. 충동적인 행동보다 바람직한 행동을 수행하도록 하므로 자기 조절 능력의 향상은 사회화의 핵심이기도 하다. 자기 조절 능력이 뛰어난 아이는 의도에 맞는 행동을 선택하고 결정할 수 있으며, 자신의 감정과 행동을 인지하여 내면세계를 보다 객관적으로 통제하고 조절할 수 있다.

이렇게 중요한 자기 조절 능력을, 아이의 말을 열쇠로 키워줄 수 있다.

제가 할래요. 제가 할 거예요!
: 혼자 해내고 싶은 아이

주도성이 기질적으로 높은 아이들은 결정권을 가지려 할 때가 많다. 둘째 아이가 두 돌이 지났을 때였다. 화장실에 가면 10초 이내로 '엄마'를 부르는데, 그날은 부르는 소리가 조금 늦어지는 것 같아 화장실로 갔다. 문을 열어보니 휴지가 엉망으로 화장실 바닥에 흩어져 있었다. 아직 손이 엉덩이에 닿지도 않는데 자기가 스스로 닦겠다고 휴지를 풀어 놓다가 자연스럽게 놀이가 되었을 것이다. 이런 경우 아이가 장난을 치고 말썽을 피운다고 생각하기 쉽지만, 물어보면 나름대로 이유가 있다. 아이의 새로운 도전 '응가 닦기'는 멋지지만 아직 발달 연령에 맞지 않은 일이었다.

"혼자서 응가를 닦는 건 힘들어. 조금 더 커야 할 수 있어. 아직은 엄마의 도움이 필요하단다. 팔이 더 길어지면 그때는 엄마가 하는 방법 가르쳐줄게."

2세가 지나며 가장 두드러지는 변화 중 하나가 자율성과 주도성 발달이다. 이 시기의 아이들은 "내가 할래, 내가! 내가 할 거야! 혼자 할 거야"라고 말하며 자신의 의지를 표현한다. 이 말은 아이에게 독립적으로 탐색하고 새로운 환경에 관심을 가지는 시기가 찾아왔으며, 자율성과 주도성이 높아진다는 사실을 알리는 신호탄이다. 발달적으로 자연스럽고 당연한 일이고, 아이들에게 매우 중요한 과업이다.

아이가 혼자 할 수 있다고 표현하면 부모는 반가운 마음이 든다. 이전까지는 부모가 많은 것을 해주었는데, 혼자 해보겠다는 것이 많아지니 대견스럽다. 부모에게 절대적으로 의존하여 움직였던 시기를 지나 이제는 스스로 할 수 있는 것들이 많아지고 자신감이 생겨 혼자 해보고 싶다니 자랑스럽다.

하지만 이 시기는 해도 되는 행동과 하지 말아야 하는 행동에 대한 경계가 제대로 서지 않아 말로 설명해 주어도 잘 이해하지 못하는 경우가 많고, 위험과 안전에 대한 통제가 제대로 안 되기도 한다. 따라서 규칙과 관습 등에 대해 제대로 일러줄 필요가 있다.

아이가 혼자 해보겠다고 하는 것은 반가운 일이지만 아이가 주도성과 자율성이 생길수록 부모는 힘들어질 수 있다. 밥도 자기가 먹겠다고 해서 여기저기 흘려 밥이 입으로 들어가는지 바닥에 버리는 것인지 모를 정도다. 엘리베이터 탈 때 버튼 누르기, 옷 입기,

집 문 열기 등 일상생활의 다양한 활동을 스스로 하겠다는 것이 때로는 피곤하다. 부모가 기회를 뺏으면 "내가 할 거야! 내가 하려고 했어!"라며 화내거나 토라져 울기도 한다.

이런 아이들의 모습에 부모들은 떼를 쓰고 고집을 부린다고 생각할 수 있다. 부모 입장에서는 빨리 해주고 다음 일을 봐야 하니 아이에게 기회를 주기가 쉽지 않다. 때로는 서툰 아이를 기다리는 것이 답답하게 느껴지기도 한다. 하지만 "내가! 내가!" 하는 아이들은 혼자 밥 먹기, 젓가락질 하기, 블록 쌓기 등 여러 과제에 처음 도전하는 중이다. 처음이다 보니 실수하거나 실패도 하게 되고 어려운 과제에 반복해서 도전해도 안 되면 좌절감을 느낀다. '나 때문이야. 난 못해'라는 부정적인 생각을 할 수 있는데, "잘 못해도 괜찮아. 무엇인가 시도하고 도전하는 것은 멋진 일이야"라고 말하며 아이가 해볼 수 있도록 격려해 주어야 한다.

반대로 스스로 "내가 할래"라는 말을 거의 하지 않는 아이도 있다. 이런 경우는 오히려 "네가 한번 해볼래?"라고 말하며 기회를 주어야 한다. 그렇다고 해서 부모와 아이가 함께하는 시간을 배제한 채 아이에게 스스로 할 것만 강요한다면 이는 주도성을 길러주려는 노력이 아닌 방임과 방치가 된다. 아이가 어려움이 있을 때는 도움을 청할 수 있고, 함께 헤쳐갈 수 있도록 도와주는 부모가 되어야 한다.

아이가 애쓰는 모습을 인정해 주고, 그 과정에서의 어려움에 공감해 준다면 아이는 자기 주도성으로 한 발자국을 뗄 수 있다. 특히 25~48개월에 자기 주도적으로 지적인 탐구를 하면 도파민 회로를 활성화하고 언어와 논리 영역을 담당하는 좌뇌가 발달한다. 전두엽이 발달하여 더 긍정적이고, 회복 탄력성이 높아지는 효과도 있다.

뭐든 스스로 하고 싶은 아이의 속마음

뭐든 다 스스로 하려 하는 자기 주도적인 아이는 스스로 생각하고 움직일 수 있다는 사실을 확인하고 싶다. 부모에게 인정받고 싶고, 이를 통해 자신이 해냈다는 뿌듯함과 즐거움, 성취감을 느끼게 된다.

나 무엇이든 해낼 수 있어요. 저 보세요. 저 이것도 해낼 수 있어요. 하고 나면 뿌듯해요. 다음에도 스스로 해볼 수 있을 것 같아요.

초등학교에 입학한 뒤에는 부모에게 인정받고자 하는 욕구가 더욱 강하게 나타난다. 자기가 해냈다는 사실에는 뿌듯함을 느끼는 반면, '친구는 하는데, 나는 왜 못하지?'라고 자책하기도 한다. 아이가 실패하더라도 "넌 왜 이런 것도 못하니?"라며 비난하기보단 "잘하고 있어. 다음엔 이렇게 하면 더 잘될 것 같아"라며 다음 단계를 시도할 수 있도록 격려해 주어야 한다.

자기 주도적인 아이로 키우는 법

어떤 일도 스스로 하지 않으려는 아이도 답답할 때가 많지만, 무슨 일을 할 때마다 자신이 하겠다고 나서는 아이도 양육할 때 어려움이 있다. 주도적 성향이 강한 아이들은 남의 말을 들으려 하지 않기 때문에 부모가 아이의 행동을 제한하고 훈육하기가 쉽지 않다. 아이가 스스로 해내려고 노력하는 것은 좋지만, 부모로서 어디까지 받아주고, 어떨 때 통제해야 하는지 기준을 잡기 힘들다.

아이들이 성장하면서 자기 주도적으로 할 수 있는 일이 늘어나며 자신의 선택에 책임감을 가지고, 시행착오도 경험하는 것은 당연한 일이다. 단, 아이가 할 수 있는 것이 많아진 만큼 몇 가지 주의해야 할 것은 알려줄 필요가 있다. 무조건 안 된다고 제한하기보다 아이가 하기로 한 일에는 책임을 다하고, 아이가 선택한 것이 어떠한 영향을 미쳤는지 직접 느낄 수 있도록 해주어야 한다.

자기 주도적인 아이로 키우기 위해서는 아이에게 세 가지 기회를 주어야 한다.

첫 번째, 시도할 기회를 준다.

처음 해보는 일이기에 아이가 미숙한 것은 당연하다. 아이에게 시도할 기회를 주어야 하는데 부모가 기다려주기가 쉽지 않다. 아이를 무시하고 부모가 해버리면 주도적인 아이는 울거나 화를 내고, 속상해한다. 아이가 하려는 행동이 위험한 것이 아니라면 지나치게 제한할 필요는 없다. 아이의 의지가 꺾일 수 있기 때문이다.

물론 바쁜 아침에는 부모가 하는 것이 빠르고 효율적이라는 생각이 들 수 있다. 그래서 기회는 주지만 자신도 모르게 옆에서 계속 재촉하게 된다. 아이의 시도와 부모의 기다림은 자기 주도 능력의 세트 메뉴라는 것을 기억하라. 아이는 어릴 때부터 자신의 생각과 주장, 행동에 대한 성취감을 경험해야 한다.

두 번째, 선택할 기회를 준다.

아이가 어릴 때는 혼자서 모든 것을 선택하게 하기보다 두세 가지의 선택지를 제시하고, 성장할수록 선택의 폭을 넓혀준다. 유아기에는 선택하는 방법을 배우는 과정이기 때문에 시간이 걸린다. 충분히 기다려주고 많은 기회를 준다면 아이는 선택하는 법을 알게 되고 자신만의 기준을 가지게 된다. 그리고 스스로 선택하고 성취감을 느끼면서 발달한다.

예를 들어, 아이들의 옷이나 양말, 신발은 자기 전에 미리 결정해 두되 아침에 마음이 바뀌는 경우에는 한 가지 정도 더 제안해서 두 가지 중에 선택할 수 있도록 한다. 이렇게 하면 아이가 원하는 것을 고르게 하면서도 효율적으로 결정을 내릴 수 있다. 아이에게 왜 그 옷과 신발을 선택했는지 물어보면서 긍정적으로 피드백해 주면 더욱 좋다.

처음에는 부모의 마음에 안 들 수 있지만 아이의 선택을 존중해 주는 것이 주도성을 키우는 밑거름이 된다. 좀 더 크면 아이가 먹고 싶은 메뉴를 선택해서 같이 요리해 보는 것도 좋은 방법이다. 그 음식의 맛이 터무니없고 요리하는 과정이 실수투성이더라도 선택에 대한 어려움도 경험하면서 성취하는 경험을 얻을 수 있다. 신발 정리, 옷 정리, 식사 준비 돕기 등 사소한 일상에서부터 여행을 갈 때, 외식을 할 때, 물건을 구매할 때도 아이에게 선택권의 일부를 준다.

세 번째, 실수할 기회를 준다.

아직 경험이 부족하고 성장하고 있는 아이가 실수하는 것은 당연하다. 부모들도 처음 육아할 때 많이 실수하지 않는가? 아이의 실수에 너그럽게 반응하고 다시 시도할 수 있도록 기회를 주어야 한다. 이를테면 아이가 계절에 안 맞는 옷을 선택한다면 "그건 아니야"라고 수정해 주기보다 왜 그 옷을 입고 가고 싶은지 아이의 생각을 물어보고, 여름에 겨울옷을 입었을 때의 불편함을 설명해 준다.

그럼에도 불구하고 아이가 상황에 맞지 않는 것을 선택한다면 아이가 원하는 대로 두는 것도 괜찮다. 지속적으로 아이의 선택이 잘못되었다고 지적할 경우, 아이는 자신의 선택과 자신을 분리하지 못하고 그 선택을 한 자신이 잘못되었다고 생각할 수도 있다. 아이를 위해 개입했지만, 결과적으로 아이는 '나는 잘하는 게 없어' '나는 아무것도 못해'라고 느낄 수 있다.

아이가 똑같은 실수를 많이 한다면, 제대로 할 수 있는 방법을 알려주거나 본보기가 되어주는 것도 좋다. 실수를 경험하고 다양한 시도를 하며 스스로 할 수 있는 일들이 많아질수록 아이의 자신감과 자존감은 높아진다. 도전하고 넘어지고 또 일어서면서 더 단단해지는 아이의 건강한 성장을 응원하고, 충분히 격려해 주자.

"괜찮아, 그럴 수 있어. 잘 안 되어서 속상했구나. 다시 해볼까?"

아이를 격려할 때는 혼자 해보려는 아이의 모습을 구체적으로 칭찬해 주는 것이 좋다.

“네가 혼자 해보고 싶었구나.”

“혼자서 젓가락으로 반찬을 먹을 수 있구나.”

“혼자서도 이를 닦을 수 있네.”

아이가 제대로 못 한 것에 대해서 가르쳐주려고 하기보다, 아이가 혼자 한 것에 격려해 주도록 하자. 예를 들어, 장난감을 정리하는 아이에게 “이건 여기에 정리해야지”라고 조언하기보다, “혼자서 정리를 해봤구나”라고 칭찬해 준다.

건강한 자기 주도 능력을 위해 주의해야 할 것

아이에게 시도할 기회, 선택할 기회, 실수할 기회를 주는 것은 중요하지만 부모로서 명확한 기준을 제시해야 한다. 아래는 아이에게 건강한 자기 주도 능력을 키워주기 위해 주의해야 하는 부분이다.

1. 안전과 관련해서 안 되는 것은 명확하게 제시한다.

혼자 하려는 시도는 좋지만 아직 아이가 어린 만큼 무엇이 위험하고, 어떤 일을 하면 안 되는지 그 경계를 잘 알지 못할 때가 있다. 부모가 요리할 때 불 앞에 서 있거나, 칼을 들고 과일을 깎아보겠다고 하거나, 정수기의 뜨거운 물을 만지는 것과 같은 일들이다. 또한 초등학교에 들어가고 동네가 익숙해지면 마음대로 이동을 하는 경우가 생길 수 있다. 하면 안 되는 행동은 무엇인지 알려주어야 한다.

아무리 아이가 "내가"라고 말한다고 할지라도 위험하고 안전의 문제가 있는 것들은 단호하게 안 된다고 하고, 왜 안 되는지 설명해 준다. 그리고 언제 할 수 있는지, 몇 살이 되면 할 수 있는지 등 그 행동이 가능해지는 연령도 명확하게 이야기해 준다.

2. 생활 습관으로 꼭 해야 하는 것에 대해서는 아이에게 선택권이 없다.

간혹 아이의 의견과 생각을 존중해 준다고 아이가 꼭 해야 하는 것까지 선택하게 하는 부모들이 있다. 하지만 아이가 하기 싫다고 하더라도 "이건 해야 하는 거야"라고 말하고 시켜야 하는 것들이 있다. 집마다 조금의 차이는 있지만 중요하게 생각하는 생활 습관들이 있다. 특히 학교에 가거나 양치하는 것처럼 꼭 해야 하는 일에 대해서는 아이에게 선택권이 없다. 의무적으로 해야 하는 일이라면 "이건 꼭 해야 해"라고 말하고 부모의 말을 따르도록 해야 한다. 평소와 달리 단호하게 말해 아이가 '이건 해야 하는 일이구나'라고 느낄 수 있도록 하는 것이 중요하다.

제 말 왜 안 들어줘요. 화가 나요!
: 뜻대로 안 되면 짜증이 나는 아이

"아빠, 왜 내가 해달라고 하는데 안 해줘! 왜 자꾸 하지 말라고 해! 으, 화가 나!"

자신이 원하는 대로 안 되면 고집을 부리거나 자신이 하고 싶은 대로 하려는 아이들은 자기주장이 강하고 자기중심적이라는 말을 듣곤 한다. 아이들의 자기중심적인 행동은 유아기의 특징이며 발달 과정에서 자연스러운 현상이다. 어린아이는 자신의 시각에서 바라보고 이해하고, 누군가 자기 존재를 알아주기를 바라는 마음이 크다. 아직은 사회적 관계를 맺는 기술이 부족해서 다른 사람의 입장을 이해하지 못하기도 하고, 원하는 대로 다 해달라고 요구하기도 한다.

선택의 과정보다 결과에 초점이 맞춰져 있기 때문에 주도적으로 보일 수 있지만 실제로는 타인의 생각을 헤아리는 데 취약하다. 그래서 시작을 잘하는 반면 반대 의견에 부딪히면 포기하거나 뒤로 물러나는 모습을 보인다. 아이를 통제하면 더 자신이 하고 싶은 대로 하겠다고 고집을 부리며 청개구리처럼 부모의 뜻과 반대로 말하고 행동한다. 그러면서 부모와 대치하여 '힘 겨루기'하는 상황이 되기도 한다.

아이의 자기중심적인 행동은 그 원인에 따라 크게 세 가지로 구분할 수 있다. 바로 내 것과 남의 것을 분별하는 능력이 부족한 경우, 타인과 나누고 양보하고 돕는 경험이 부족한 경우, 그리고 지나치게 행동을 억압받아 욕구 불만과 반발심이 생긴 경우다. 원인은 조금씩 다르지만, 원하는 것을 충족시켜주지 않으면 막무가내로 행동한다는 점에서는 같다. 공공장소에서 예절과 규칙을 지키지 않거나 협동보다 경쟁을 우선시하는 모습을 보이기도 한다.

이럴 때는 감정적으로 대처하기 쉽다. 예를 들어 텔레비전 채널로 형제자매간에 싸우면 부모가 텔레비전을 꺼버려 문제를 제거해 버린다. 아이의 마음과 상황을 고려하지 않고 사람들이 보는 곳에서 혼내거나, 아이의 잘못을 바로잡아주겠다고 무조건 그 행동을 못 하게 하기도 한다. 어떨 때는 반응하지 않다가 또 어떨 때는 크게 혼내는 일관성 없는 태도를 보이기도 한다.

자기 주도 능력을 갖추기 위해 선행되어야 하는 것이 바로 자신에 대한 알아차림, 즉 자기 인식이다. 자기 인식이란 화가 나거나 부정적인 감정이 올라올 때 '아! 내가 지금 화가 났구나'라는 것을 알아차리고, 스스로 어떤 상황에서 주로 화가 나는지를 바라볼 수 있는 힘이다. 화가 났다는 건 참 강렬한 감정이다. 그러다 보니 강력하게 표현된다. 특히 자신에 대한 믿음이 없는 아이들은 주기적으로 부모의 반응을 끌어내기 위해 화를 내기도 한다.

자기 뜻대로 되지 않을 때 아이는 다양한 감정을 느끼지만, 밖으로는 모두 비슷하게 화내는 것으로 표현된다. 이때 기억해야 하는 것은 누군가 화를 내면 주변 사람에게 영향을 미치지만, 상대가 마른 장작이냐 물기가 있는 장작이냐에 따라 그 영향력이 다르다는 것이다. 부모의 마음이 마른 장작 같다면 아이의 화는 더 잘 옮겨붙는다. 그러나 부모의 마음이 물이 젖은 장작처럼 촉촉할 때는 아이가 화를 내도 이야기를 들으며 받아주게 된다.

간혹 아이가 화가 나면 부모에게 소리를 지르거나 때리기도 한다. 그럴 때 부모는 아이를 심하게 꾸짖는다. 하지만 아이가 화를 부모에게 표현하지 못하면 어디에 표현해야 할까? 만약 자기 자신에게 화풀이한다면 아이는 바닥에 뒹굴고, 자신의 손으로 머리를 때리는 행동을 할 수도 있다. 그런 아이의 모습을 견딜 수 있는 부모는 없다. 그렇다면 부모가 아니고 다른 사람에게 화를 내면 어떻게 될까? 혼내지 않고 그냥 둘 부모는 없다. 아이는 부모에게 떼를 쓰거나 화를 내는 것이 제일 안전한 방법이라는 사실을 본능적으로 알고 있는 것이다.

화를 주체하지 못하는 아이의 속마음

아이가 화를 내면 부모는 고쳐주고 싶고, 또 가르치고 싶다. 하지만 그러다가 야단치게 되고, 어느 순간 아이의 화를 받아 부모가 화를 내고 있는 모습을 보게 된다. 같이 화를 내기보다, 화 뒤에 숨은 아이의 속마음, 숨어있는 감정을 먼저 보아야 한다. 아이들의 화에는 울고 싶은 마음, 답답한 마음, 불안한 마음, 부끄러운 마음 등 다양한 감정이 있다. 그리고 그 안에는 두려움, 슬픔, 무서움, 힘듦, 속상함 등 다양한 이유가 숨어있다.

내가 포켓몬 카드 사달라고 했는데 왜 안 사줘요. 친구가 어린이집에 가지고 와서 자랑하는데, 나도 가지고 싶었다고요. 아이들이 그 카드를 가지고 노는데 난 함께할 수 없어서 속상하고 슬펐어요. 그 시간이 힘들었고 아이들이 나랑 안 놀아줄까 봐 두려웠어요. 그런데도 안 사준다고 하니 화가 난다고요.

아이에게 다음에 사주겠다는 말은 귀에 들어오지 않는다. 어떻게 해서든 이번에 이걸 사야 한다는 다양한 감정들이 얽혀서 소리를 지르고 울고 떼쓰게 된다.

아이의 화에 잘 대처하는 법

자기 주도적인 아이는 자신과 타인의 시점에서 바라보고, 수용하고 조절하는 능력을 갖출 수 있다. 아이가 화가 났을 때, 부모의 대처 방식이 아이의 감정 조절을 결정한다.

첫 번째, 아이가 화를 내는 순간을 아이를 더 잘 이해하는 기회로 삼는다.

아이가 화를 낼 때는 충고나 가르침을 잠시 뒤로 밀어내야 한다. 아무리 좋은 충고나 가르침도 마음속에서 화가 나면 들리지도 않고 화가 줄어들지 않는다. 부모도 힘들겠지만, 그 자리를 묵묵히 견뎌보도록 하자. 화내거나 방어할 필요 없이, 마른 장작처럼 불붙지 말고, 아이가 이렇게 하는 데는 무슨 이유가 있을 거라고 이해하며 담대하게 버텨보는 것이다.

더욱이 아이가 화를 내는 것을 아이를 더 잘 이해할 기회로 삼으면 좋다. 어찌 보면 고마운 일이다. 아이가 감정을 표출한다는 건, 부모에게는 아이를 더 잘 알 수 있는 기회가 되기도 한다. 어떨 때 우리 아이가 화를 잘 내는지, 어떤 감정을 화로 표현하는지 살펴보도록 하자. 표면적으로는 모두 화로 나타나지만 그 속에 숨겨진 다양한 감정을 확인할 수 있을 것이다.

아이의 화에 부모의 화로 맞서면, 아이는 도망치게 되고 진짜 속마음은 숨은 채 잊힌다. 부모의 위로와 격려가 아이의 진짜 속마음을 드러내게 한다. 이럴 때 자기도 모르게 화를 냈던 아이는 자신의 감정이 어떤 것이었는지 알게 된다. 그리고 비로소 자기 감정을 화가 아닌 말로 표현할 수 있게 된다. 엄마의 목소리에 이미 '화'가 있으면 아이가 자신의 감정을 들여다보고 표현하기는 쉽지 않다. 다음에는 아래와 같이 말해보는 게 어떨까?

"네가 왜 화가 났을까? 아빠가 정말 몰라서 그래. 네가 왜 화났는지 알고 싶어. 말해줄래?"

아이가 화난 이유를 말해주었다면 다음과 같이 반응해 주자.

"아빠에게 화난 이유를 이야기해 줘서 고마워. 너에 대해 더 알 수 있고 이해할 수 있었어."

두 번째, 아이가 준비되었을 때 대화를 시도한다.

시간이 지난 후 아이가 화가 풀리면 다가가 대화를 시도하는 것이 좋다. 부모가 잘 인내하여 먼저 손을 내밀었는데 아직도 아이가 화를 풀지 않았다면, "이제 그만 좀 해!"라고 화를 내기 쉽다. 하지만 아이가 금방 화를 안 푼다고 해서 부모가 화낼 이유는 없다. 부모의 마음에 화를 두지 않고 아이의 감정에 집중해야 한다. 물론 부모도 감정을 표현할 수 있지만, 아이가 감정을 가라앉히고 부모에게 왔을 때 이야기해도 늦지 않는다.

"아직 화가 안 풀렸구나. 시간이 더 필요하겠지. 언제든지 엄마와 대화하고 싶으면 엄마에게로 와. 기다릴게."

세 번째, 감정을 조절할 기회를 준다.

자기 주도성이 강한 아이는 스스로 어떤 일을 할 수 없다는 걸 깨닫는 순간 큰 좌절감을 느낀다. 블록을 쌓다 무너졌다든지, 젓가락질을 잘 못한다는 생각이 들면 자신이 할 수 없다는 생각에 징징대거나 물건을 집어던지는 격한 행동을 할 수 있다. 이럴 때 바로 행동을 지적하기 전에 "그럴 수 있다"며 속상한 마음을 토닥여주고, 아이가 혼자 감정을 추스를 수 있도록 옆에서 기다려준다. 그 다음에 앞으로는 잘 안 되는 상황에서 울거나 물건을 던지는 것이 아니라, 말로 표현할 수 있도록 안내해 준다.

"엄마도 너처럼 젓가락질하는 거 힘들었어. 처음 하는 것을 못 하는 건 당연한 거야. 혼자서 잘하고 싶은데, 속상하지. 우리 내일 또 해보자."

“다음에는 잘 안 돼서 속상하다고 물건을 던지면 안 돼. 너는 말을 잘하니까 그럴 때는 잘 안 돼서 짜증나고 속상하다고 말해줘.”

네 번째, 무엇보다 부모의 몸과 마음, 생각이 건강해야 한다.

특히 아이의 화를 받아줄 수 있으려면 무엇보다 부모가 체력도 있어야 하고 마음과 생각이 건강해야 한다. 최근 아이에게 자주 화를 내고 있다면 스스로 삶의 균형이 무너져 있는지 돌아볼 필요가 있다. 누구나 균형이 깨지면 더 과하게 반응하게 된다. 마음이 불편하면 아이랑 몸으로 놀아주기 힘들고, 생각이 복잡한 날은 마음과는 다르게 “귀찮게 하지 마”라는 말이 나온다.

나 자신을 돌보는 시간이 있어야 양육 과정에서 아이의 화도 받아줄 수 있다. 아이 중심으로만 살아가고 있는지 돌아보는 것도 필요하다.

혹시 나의 모든 생활에서 저울의 중심이 아이에게로만 기울어져 있는 것은 아닌가? 아이의 연령 및 상황에 따라 무게추가 옮겨질 수 있겠지만, 적절한 수준을 고민하며 조절하는 것만으로 몸과 마음, 생각을 건강하게 가꿀 수 있다.

싫어요, 더 놀 거예요. 집에 안 가요! 싫어요!
: 뭐든 마음대로 하고 싶은 아이

"이제 저녁 먹을 시간이야. 그만 놀고 집에 가자."

"싫어, 집에 안 가. 더 놀 거야."

"이제 텔레비전 그만 보고 공부해."

"싫어. 동생은 보는데 왜 나만 못 보게 해."

아이들이 놀고 있거나 무언가에 집중하고 있을 때, 갑자기 그만 하라고 하거나 상황을 바꾸면 바로 "싫어"라는 말이 첫마디로 튀어 나온다. 아이가 "싫어"라고 하면 부모는 저 밑에서 불편한 마음이 올라온다. 집 밖에서 여러 사람들이 보고 있는 상황이라면 당황스러워서 불쑥 화가 나기도 한다. "네"라고 바로 대답해 줬으면 좋겠는데, 그런 일은 가뭄에 콩 나듯 가끔 있을까 말까 한 일이다.

하지만 오히려 부모가 무언가를 지시할 때 바로 "네"라고 대답하는 아이라면, 부모의 말에 거역할 수 없는 이유나 상처를 받은 경험이 있는 것일 수 있다. 아이들의 "싫어"는 자기 주장의 초기 표현이자 주도적인 의견을 가지면서 나오게 되는 말이다. 자기 뜻대로 행동하고 싶은 강한 의지의 표현인 것이다. 따라서 아이가 즉각적으로 "싫어"라고 할 때 부모도 함께 즉각적으로 반응하며 화를 내기보다 아이는 잘 자라고 있고, 당연히 싫다고 답할 수 있다는 사실을 인지해야 한다.

부모에게 싫다고 말할 수 있다는 것은, 부모와의 관계에서 자신의 의견을 표현할 수 있다는 뜻이다. 사실 부모도 놀아줄 준비가 되지 않았는데 아이들이 지금 당장 놀아달라고 하면 대부분의 경우 "기다려. 설거지하고 놀아줄게" "아빠 텔레비전 보고 있잖아. 이거 끝나면 해줄게"라고 말하곤 한다. 아이도 마찬가지다. 한창 놀고 있는데 갑자기 그만두어야 할 때 "싫어"라고 말하는 것이다.

자기 주장이 명확한 아이의 속마음

부모는 아이가 무작정 고집을 부리는 것이라 생각할 수 있지만, 이렇게 아이들이 "싫어"라고 말하는 데는 다양한 속마음이 있다.

지금 너무 재미있게 놀이에 빠져있어요. 저를 기다려주세요. 제가 놀이에 빠져있을 때 갑자기 중단하고 바로 집에 갈 수 없어요. 미리 저에게 이야기해 주세요. 그리고 조금 기다려준다면 저도 놀이에 빠져있던 세상에서 나올 준비를 해볼게요. 정리가 돼야 집으로 갈 수 있는 마음이 생겨요.

물론 아이가 부모의 말을 따르기 싫어 즉각적으로 "싫어"라고 표현하는 것일 수도 있다. 아이는 뭐든 자기 맘대로 하고 싶은데, 부모님이 평소에 "이거 해라, 저거 해라"며 자주 일방적으로 명령하는 말을 했다면 말이다.

혹은 그만 놀고 집으로 가자는 말의 내용보다 부모의 말투에 반응한 것일 수도 있다. 부모의 명령조의 말투는 아이의 선택권을 차단한다.

나에게 선택할 수 있는 주도권을 주세요. 부모님의 말씀보다 나 스스로 집에 들어가는 것을 결정하고 싶어요. 저도 저의 의견을 말하고 싶어요. 지금은 싫지만, 저도 저녁을 먹으러 집으로 가야 하는 건 알아요.

아이가 무작정 싫다고 말한다고 해서 아이가 상황을 완전히 이해하지 못하는 것은 아니다. 부모가 아이에게 선택의 기회를 준다면, 아이는 충분히 스스로 그만두어야 할 때를 결정할 수 있다. 이는 건강한 자립심과 자의식, 자기 조절 능력의 근간이다.

아이를 존중하며 의사소통하는 법

아이는 무조건 싫다고 하고, 부모는 무조건 안 된다고 한다. 아이에게 일방적으로 명령하기보다, 아이의 의사를 존중하며 부모의 뜻을 전달하려고 노력해야 한다.

첫 번째, 부모가 새로운 제안을 할 때는 예고를 해준다.

아이는 지금 한창 놀고 있는데 "목욕하자!"라고 말하면 아이는 "싫어"라고 할 수 있다. 그럴 때 "조금 더 놀고 5분 뒤에 목욕할 거야"라고 말하면 아이도 마음의 준비를 한다. 아이들은 느닷없이 깜짝 놀라는 일을 좋아하지 않는다. 어른도 직장 상사가 퇴근 몇 분 전 업무를 갑자기 시키거나, 집에 부모님이 예고 없이 방문하면 속으로 '싫어요'라고 반응하는 것과 같다.

사춘기 아이에게도 마찬가지다. 컴퓨터나 스마트폰 게임을 하는 아이에게도 바로 그만두게 하기보다 미리 마음의 준비를 할 수 있는 시간을 5~10분 정도 주는 것이 좋다. 어른들도 재미있는 텔레비전을 보거나 일을 하고 있는데, 아이가 지금 당장 놀아달라고 하면 기존에 하고 있던 것을 마무리할 시간이 필요한 것처럼 말이다.

다음 단계로 전환하기 위해서는 늘 준비 시간이 필요하다. 하물며 우리가 운동을 할 때도 준비 운동을 해야 몸에 탈이 나지 않는 것처럼 말이다. 특히 대부분의 아이가 싫어하는 공부를 시작하기 전에는 더욱 마음의 준비를 하게 해주어야 한다.

두 번째, 큰 틀은 부모가, 작은 일은 아이가 선택하도록 한다.

"지금 여섯 시야. 집에 들어가서 밥 먹을 시간이야. 그만 놀고 집에 들어가자!"라고 이야기할 때 큰 틀은 집에 가는 것이다. 하지만 그 안에서 아이에게 5분 더 놀거나, 미끄럼틀을 다섯 번만 더 타고 들어간다는 작은 선택을 해보게 할 수 있다. 그 과정을 통해 아이는 스스로 선택하고 결정하는 능력과 자기 조절 능력을 갖추게 된다.

세 번째, '안 돼'보다 '해도 되는 것'으로 표현해 준다.

아이들이 "싫어, 더 놀 거야. 집에 안 가"라고 말하면 부모는 "안 돼"라고 말하게 된다. 부모는 아이의 "싫어"라는 말에 화가 나고,

아이는 부모의 "안 돼"라는 말에 화가 난다. 세상에 태어났더니 안 되는 것이 너무도 많다.

같은 내용이라고 할지라도, 아이에게 안 되는 것보다 어떤 것을 하는 게 좋은지, 어떤 것을 해도 되는지 대안을 주면 보다 긍정적으로 상황을 해결할 수 있다.

"10분 동안 미끄럼틀을 탈 수 있어."

"5분 동안 놀 수 있어."

내 거야! 만지지 마! 가지고 놀지 마!
: 소유욕이 강한 아이

"내 거야! 내 것 가지고 놀지 마."

"이건 네 것이 아니고, 다른 친구들도 같이 노는 거야."

키즈카페에서 놀다 보면 장난감을 자기 품에 안고, 다른 아이가 못 만지게 하는 경우가 있다. 부모가 제지하면 아이는 울고 억지를 부리거나 떼를 쓰고 부모는 점점 얼굴도 붉어지고 화가 나게 된다.

다 같이 사용하는 것이라는 걸 아이는 알고 있다. 하지만 자기 것이라고 말한다. 알고 있는 것과 실천하는 것은 다른 일이다. 부모도 어떻게 아이를 키워야 하는지 알고 있지만, 실제 육아에서 실천하는 것은 어려울 때가 많은 것처럼 말이다.

영유아기는 다른 사람을 배려하거나 양보하기에 아직 어리다. 물론 부모도 아이를 기다려주고 싶지만, 다른 아이와 불편한 상황이 되면 적극적으로 개입할 수밖에 없다. 설득도 해보고 달래도 본다. 하지만 아무리 노력해도 "내 거야"라고 말하면 부모도 당황스럽다. 도대체 왜 이러는 걸까? 우리 아이가 고집이 센 걸까? 아니면 양육 방식에 문제가 있는 걸까? 다른 친구들은 사이좋게 노는 것 같은데 우리 아이만 왜 이러는 걸까?

1~2세의 아이는 자기중심적인 사고를 가지며, 이 시기에 다 내 것이라고 생각하는 것은 정상적인 발달이다. 24개월이 넘어서면서 내 것에 대한 개념이 조금씩 자리 잡는다. 하지만 이때도 다른 사람의 것과 내 것을 구분하기보다, 내 것과 내가 가지고 싶은 것 정도를 구분한다. 이 시기에 충분히 탐색할 시간을 주어야 소유욕을 조절할 수 있고, 양보할 마음이 조금씩 생기게 된다.

아이가 자기중심적인 사고에서 벗어나는 데는 부모와의 애착 관계 형성이 큰 비중을 차지한다. 부모와 애착 관계가 잘 형성된 아이들은 자기중심적인 사고를 하는 기간이 짧고, 양보와 배려를 금방 습득한다. 반면에 부모와 애착 관계가 잘 형성되지 않은 아이들의 경우 심리적으로 독립이 늦고, 양보와 배려를 배우는 과정도 더디다.

아이가 무슨 일을 할 때마다 "안 돼. 위험해"라고 막거나, 아이가 존중감을 느끼지 못했다면 자기 것을 지켜내기 위해 자기중심성을 더 강하게 드러낼 수도 있다. 부모와 함께 놀 때 "이것은 엄마가 먼저 해볼게. 기다려줄 수 있어?"와 같이 물어보며 아이가 양보하고 기다리는 과정을 경험하게 하는 것이 좋다.

다 내 것이고 싶은 아이의 속마음

자기 것을 소유하고 싶다는 욕구는 인간의 본능이다. 아이들이 '내 것'이라고 생각하는 데는 사실 나름의 이유가 있다.

나는 지금이 아니면 이런 장난감을 가지고 놀 수 없어요. 집에는 없잖아요. 내 것이 아니라는 것은 알고 있지만, 너무 원했던 것이라서 제가 가지고 놀아야 해요.

아이의 가지고 싶다는 욕구가 인정될 때 내 것의 소중함을 알게 된다. 아이들도 사이좋게 놀고 차례를 지켜야 한다는 사실을 안다. 하지만 소유하고 싶은 욕구가 잘 받아들여질 때 베풀 힘도 생기는 것이다.

엄마, 이거 내가 저번에 가지고 놀았던 거니까 내 거 아닌가요? 지난번에 가지고 놀았는데, 왜 지금은 안 되나요?

유아기는 아직 '네 것'과 '내 것'을 배우는 과정 중에 있다. 무엇보다 부모의 양육 태도가 중요하다. 충분히 존중받는 경험을 하면, 아이는 다른 사람의 것도 소중하다는 것을 알고, 배려도 할 수 있게 될 것이다.

양보의 미덕을 알려주는 법

아이의 연령별 발달 단계를 이해하고 그에 맞추어 대처하는 것이 좋다. 자기중심적인 단계에 있는 2~3세 아이에게 무조건 양보하라는 말은 통하지 않는다. 아이에게 어느 정도의 소유욕을 만족시켜주면서도 배려를 가르쳐주며 적절히 조절해야 한다. 소유의 경험과 함께 배려를 가르쳐줄 수 있는 방법을 상황별로 살펴보자.

첫 번째, 양보를 요구하기 전에 '내 것'에 대한 소유의 경험을 충족시켜 준다.

내 것이라고 말하는 것은 고집이 아니라 주장이다. 자기 것을 스스로 지킬 수 있다는 확신을 심어주는 것이 양보를 가르치는 것보다 먼저다. 내 것을 지킬 수 있는 확신이 있을 때 자기 의지대로 양보를 하게 된다.

만약에 동생이 있다면 부모는 양육 과정에서 은연중에 양보를 요구하게 된다. 하물며 첫째가 세 살이어도 한 살 동생에게 부모의 사랑, 관심, 시간 등을 양보해야 할 때가 많다. 첫째 아이들이 "내 거야"라고 강하게 말하는 것은 동생에게 양보해야 했던 경험 때문일 수도 있다. 이런 경우 "너는 왜 이렇게 욕심이 많니?"라고 탓하기보다 부모가 먼저 "이건 네 거야"라고 말해주는 것도 좋다.

"동생이 한번 만져보고 싶었나 봐. 네 것 만져봐도 될까? 이건 네 거니까 네가 허락해 주면 동생이 만질 수 있어."

혹은 동생이 만져도 되는 것은 무엇인지 물어볼 수 있다. 그러면 어떤 것은 만져도 된다고 말하며 자발적으로 양보할 기회가 생긴다. 만약 친구가 집에 놀러 온다면, 친구와 같이 가지고 놀고 싶지 않은 장난감을 미리 치워 놓는 게 좋다.

이 장난감의 주인은 바로 '나'인 것이다. 이 사실을 확실하게 인식시켜 주고, 양보는 원할 때 할 수 있도록 한다. 이렇게 하면 아이도 양보하는 것이 손해 보는 것이나 내 물건을 빼앗기는 것이 아니라는 사실을 알게 된다.

두 번째, 장난감을 빼앗으며 싸울 때 장난감을 나눠서 가지고 놀 기회를 준다.

아이가 가지고 놀던 장난감을 친구가 빼앗았다면 아이는 "내 거야"를 연발하며 울기 마련이다. 아이의 울음을 빨리 그치게 하기 위해 "이건 우리 아이 것이란다"라며 장난감을 다시 가져오게 되면, 장난감을 빼앗아 간 아이가 운다.

그렇다면 이때 부모는 어떻게 대처해야 할까? 여러 가지 방법이 있겠지만 장난감을 친구와 함께 가지고 놀 수 있는 방법을 찾아보는 것이 좋다. 장난감이 한 가지가 아니라 두세 가지라면 나눠서 놀 수 있다. 조립해서 쓰는 장난감이라면 조립하는 부분을 나누어줄 수 있다. 아이들은 자연스럽게 나누는 즐거움을 깨달으며 사회성을 발달시킬 수 있다. 하지만 장난감이 하나라면, 우리 아이와 상대방 아이가 있는 곳에서 모두에게 물어볼 수 있다.

"친구야, 우리 아이에게 놀아도 되는지 물어볼래?"

"이 장난감은 네 건데, 친구 가지고 놀고, 꼭 다시 너한테 돌려달라고 하면 어때?"

"친구야, 이건 우리 아이 건데 우리 아이가 지금은 이 장난감을 빌려주고 싶지 않대. 우리 아이가 다 가지고 놀면 그때 다시 빌려줄 수 있는지 물어보자."

세 번째, 우리 아이가 친구의 장난감을 빼앗을 때는 공감해 주되 규칙을 명확하게 알려준다.

4~5세인데 아이가 다른 친구의 놀잇감을 뺏기 시작하면 "이건 친구 거야"라고 알려주어야 한다. 다른 아이의 장난감을 뺏는 것은 분명 잘못된 행동이다. "내 거"라고 계속 우기는 상황이라면, 아이와 둘이 이야기할 수 있는 공간에서 아이가 진정될 때까지 기다린다. "엄마의 말을 들을 준비가 되면 이야기해 줘. 엄마가 기다려줄게"라고 말한다.

"네가 장난감 갖고 놀고 싶고 좋아하는 것을 알아. 하지만 이건 친구 거야. 친구들이 가지고 놀던 것을 마음대로 갖고 오는 건 잘못된 거야."

아이에게 명확하게 이야기한 뒤에는 "친구가 놀고 있는 장난감으로 네가 놀고 싶을 때, 어떻게 하면 좋을까?"라고 아이에게 자기의 생각을 말할 기회를 준다. 아직 자기표현이 잘 안 되는 아이라면 부모가 몇 가지 안내해 줄 수 있다. 다른 것을 갖고 놀거나, 기다렸다가 친구가 다 논 후 갖고 놀거나, 친구에게 나도 이것 가지고 놀고 싶다고 말로 표현할 수 있도록 도와준다.

아이가 울고 떼쓸 때 아이의 마음을 인정하고 공감해 주면 아이도 진정이 된다.

"많이 갖고 놀고 싶었구나."

아이의 감정을 읽어준 후, 친구의 감정도 읽어준다. “친구가 네 거 가지고 가면 기분이 어떨까? 친구도 네가 말없이 가져가면 속상할 거야.”

고집을 부릴 때마다 이 과정을 반복해야 하니 쉽지는 않지만, 부모로서 남의 것을 빼앗거나 가지고 가면 안 된다는 것을 인지시켜야 한다. 우리 아이의 마음뿐만 아니라 상대 아이의 마음도 읽어주면, 자신의 마음도 공감받으면서 다른 친구의 감정도 알게 된다.

동생 미워요. 동생 없으면 좋겠어요!
: 공평하게 대해주길 바라는 아이

"우리 첫째가 내가 설거지하고 있는데, 갑자기 동생 없어졌으면 좋겠다고 하잖아. 너무 당황하고 놀라서 아이에게 다시는 그런 말 하지 말라고 혼냈어."

초등학교 열 살 아들과 일곱 살 딸을 키우는 지인에게 전화가 왔다. 첫째 아이가 저런 말을 하니, 나쁜 말을 한 것에 대해 혼내야 할지, 잘 타일러야 할지 모르겠다는 것이다. 자신이 잘못 양육한 것은 아닌지 마음이 무겁다고 했다. 동생이 있는 아이들은 "내가 좋아, 동생이 좋아?"와 같이 엄마의 사랑을 확인하고, 동생을 견제하는 말을 많이 하곤 한다.

여기서는 그중에서도 부모가 동생과 자신을 다르게 대한다고 생각하는 경우를 다루려고 한다. 이 경우는 첫째 아이를 혼내거나 잘

타일러야 할 일이 아니라 아이의 오해를 해소해 주는 것이 먼저다.

첫째 아이는 동생에게 사랑을 빼겼다고 오해하고 있다. 그래서 동생이 미워졌고 강력하게 반응하기 위해서 좀 더 강한 말을 선택한 것이다. 이런 경우에는 동생이 사랑을 뺏은 것이 아니라, 동생이 어려서 부모가 동생과 보내는 시간이 좀 더 많아진 것이라 설명해 줄 필요가 있다. 아이가 가지고 있는 오해를 충분히 풀어주어야 한다.

"동생이 사랑을 뺏은 것이 아니라 엄마의 시간을 좀 더 동생에게 쓰는 거야. 동생이 어려서 지금은 엄마의 도움이 필요해. 네가 도움이 필요할 때도 엄마는 널 위해 시간을 쓸 거야."

부모들은 첫째 아이가 단순히 질투한다고 오해하곤 한다. 그런데 아이의 질투라는 감정은 대부분 무게 중심이 불공평하게 한쪽으로 기운 것을 느낀 데서 비롯된다. 양육 과정에서 첫째 아이와 둘째 아이를 대하는 모습이 다른가? 아이를 대하는 부모의 억양, 눈빛 등이 차이가 나는가? 그렇다면 질투를 하는 것은 당연한 일이다.

대부분 부모들은 똑같이 대한다고 말하지만, 상담 과정에서 자신과 잘 맞는 아이를 더 친밀하게 대하거나 성별, 출생 순위에 따라 다르게 대하는 모습을 보곤 한다. 아이들은 본능적으로 느끼고 안다. 근거 없는 질투가 아니라, 부모의 양육에서 차이를 느낀 것이다. 물론 원초적인 경쟁심도 있지만, 이를 완화하기 위해서라도 공평하게 대해야 한다.

누구나 하고 있지만 누구도 그렇다고 말하지 않는 편애는 아이에게 어떠한 영향을 주고 있을까? 상담을 하다 보면, 아이들이 진로, 또래 관계, 성적에 대한 고민을 많이 할 것 같지만, 제일 큰 고민이 편애라는 사실을 알게 된다. 생각보다 많은 아이가 부모가 공평하게 대하고 있지 않다고 생각하고 있다. 이는 살아가는 동안 지속적으로 영향을 미쳐 성인이 되어서도 상처를 안고 지내는 이들도 있다.

심리학자들은 아이는 부모에게 자신이 어떤 존재인지 아주 잘 알아채는 동물적 본능을 지녔다고 말한다. 자신이 편애의 대상인지 아닌지를 눈치채고 그에 맞게 행동한다고 지적한다. 그 결과는 아이들의 성장에 지대한 영향을 미친다. 미국 브리검영대학교Brigham Young University의 알렉스 젠슨Alex Jensen 교수팀이 10대 형제자매가 있는 282개의 가족을 연구한 결과, 부모로부터 무시당한다고 느끼는 아이들이 약물, 알코올, 담배 등에 중독될 확률이 월등히 높은 것으로 나타났다. 약간 차별은 받은 아이들은 중독 가능성이 2배 이상, 심한 차별 받은 아이는 4배 이상 높았다. 불안, 낮은 자존감, 우울증에 시달릴 확률도 높게 나타났고, '나는 특별한 사람'이라는 느낌을 받기 위해 애정을 갈구하는 경향도 높았다.

편애를 받은 아이라고 행복한 것은 아니다. 부모의 칭찬과 기대를 한 몸에 받았는데 사회에 나가 관심을 받지 못하면 충격과 좌절을 이겨내야 하고, 차별받는 형제자매를 동정하고 죄책감을 가지며 트라우마로 남기도 한다. 또한 미숙한 자기애를 가진 사람으로 성장할 수도 있다. 부모는 아이 각자 존재 자체를 있는 그대로 인정해 주고, 누구든 공평하고 공정하게 대해야 한다는 것을 몸소 보여주어야 한다.

동생이 밉다고 하는 아이의 속마음

"동생 미워, 동생 없으면 좋겠어!"라는 말을 곧이곧대로 듣지 말고, 그만큼 화가 나고 속상하다는 아이의 감정 표현으로 듣고 반응해야 한다.

저도 똑같이 대해주세요. 언니는 새 옷인데, 왜 저는 새 옷이 아니에요? 동생은 매번 옆에서 놀아주시면서 저와는 함께 시간을 안 보내주세요?

서로 경쟁하지 않아도 충분히 사랑받고 있다고 느끼게 하는 것이 좋다. 부모가 모두에게 넘치는 사랑을 주겠다는 마음으로 표현을 하면, 경쟁을 통해 사랑을 얻으려는 행동도 줄어든다.

형제자매가 서로를 이해하도록 하는 법

우리 아이를 어떻게 공정하고 공평하게 대할 수 있을까? 형제자매 관계는 라이벌 관계라고 할 수도 있다. 첫째 입장에서는 동생이 부모님과 많은 시간을 보내는 것이 속상하고, 동생 입장에서는 뭐든지 잘하는 첫째가 자신과 놀아주지 않아 속상하다. 부모가 아무리 공평하게 대한다고 하더라도 서로의 입장에 따라 어떤 상황에서든 속상하고 억울할 수 있다. 특히 첫째 아이에게 지나치게 책임감을 강조하거나 동생과의 관계에서 참으라고 말했을 경우, 큰 아이는 동생을 미숙하고 귀찮은 존재로 여기고 동생을 무시하거나 아예 무관심하게 대할 수 있다.

형제자매 관계에서 갈등을 줄이기 위해서는 아래 두 가지 방법을 시도해 보는 것이 좋다.

첫 번째, 역할놀이를 해본다.

책 속의 상황이나 실제 동생과 갈등 상황을 바탕으로 역할놀이를 해보자. 집에 피겨나 인형 등이 있다면 활용해 볼 수 있다.

"엄마가 언니 역할을 해볼 테니, 네가 동생이 되어볼래?"

역할놀이를 통해 서로의 입장에 서볼 수 있게 되고, 속상한 부분이 있을 수 있겠다는 사실을 간접 경험하는 시간이 된다.

두 번째, 싸울 때 갈등을 해결하는 연습을 한다.

아이들끼리 다양한 문제로 싸울 때 부모가 무조건 말리거나 화를 내는 것은 역효과가 날 수 있다. 경쟁심을 가진 아이들이 싸우는 일은 어찌 보면 당연하다. 싸우는 것이 무조건 나쁘다고 생각하지 말고 갈등을 해결하는 연습을 하게 하는 것이 효과적이다.

"엄마가 무슨 일이 있었는지 보질 못해서 이야기하기 힘들어. 우선 둘이서 이야기하면서 해결해 보고, 도움이 필요하면 엄마에게 말해줄래?"

그러면 아이들끼리 서로 사과를 하거나 이야기를 나눈 후 해결되었다고 말하는 경우가 제법 많다.

"어떻게 해결했어?"

"응, 내가 잘못한 거 이야기하고 사과했어. 그랬더니 동생도 언니 때린 거 미안하다며 사과했어."

지금 엄마 아빠 싸우는 거예요?
: 싸움을 중재하려 하는 아이

남편과 차 안에서 이야기를 하다가 서로의 의견이 달라 언성이 높아진다. 아이가 뒤에서 한마디 한다.

"지금 엄마 아빠 싸우는 거야?"

"아니, 서로 생각이 달라서 이야기하는 중이야."

부부는 일상적인 대화를 하다가도 서로 의견이 달라서 부딪히는 경우가 있다. 그러다 보면 어느새 이야기에만 집중하느라 옆에 아이가 있다는 사실을 잊은 채 목소리가 높아진다. 문제는 부모의 목소리가 커지면 아이는 두려움을 느낀다는 것이다. 부부가 서로 말을 안 하고 집 분위기가 냉랭하다면 그것 또한 아이에게 불안을 주는 요인이 된다.

아이들은 부모가 싸울 때 어떤 반응을 보일까? 조용히 눈치를 살피며 말을 잘 듣는 아이, 적극적으로 중간 다리 역할을 하며 상황을 바꾸고자 하는 아이, 그러든 말든 열심히 노는 것처럼 보이는 아이도 있다. 이렇듯 저마다 보여지는 모습은 다르지만, 상담을 하다 보면 아무렇지도 않은 아이는 없다는 사실을 알게 된다. 기질에 따라서 받아들이는 방식에 차이는 있지만 심리적으로 불안한 마음은 같다. 단지 대처하는 행동이 다르게 나타날 뿐이다.

부부 싸움에 반응하는 아이의 속마음

아이가 "지금 엄마 아빠 싸우는 거야?"라고 물어보는 듯하지만, 기본적으로는 불안한 마음이 깔려있다. 아이도 부모가 싸우고 있다는 사실을 안다.

> 싸우지 말아요. 왜 싸워요? 동생하고 싸우지 말라고, 친구들하고도 사이좋게 지내라고 하셨잖아요. 저 지금 불안해요. 무서워요.
> 저도 기분이 안 좋아져요. 혹시 저 때문은 아니죠? 제가 지난번에 잘못해서 그런 건가요?

상담 중에 아이들이 자연스럽게 이야기하는 것 중 하나가 엄마 아빠가 싸운 이야기다. 그만큼 아이가 불편한 마음을 털어놓고 싶은 것이다. 부모님이 싸우는 것을 봤을 때 어떤 마음인지 물어보면 아이들은 무서웠다, 우울하다, 자기 때문에 싸우는 것 같다고 대답한다. 아이들 앞에서 싸우는 것은 우울함과 죄책감, 공포 등 부정적인 감정을 야기한다.

아이가 부모의 갈등을 이해하도록 하는 법

가족마다 부부 싸움을 하는 모습이 다르고, 아이들이 받아들이는 방식도 다르다. 일부러 부부 싸움을 보여주려는 부모는 없다. 만약에 피치 못하게 아이 앞에서 부부 싸움을 했다면, 다음과 같이 대처해 보자.

첫 번째, 부모가 화해하는 과정을 보여준다.

아이 입장에서는 분명 전날 부모가 싸웠는데, 다음 날 아무렇지도 않게 부모가 웃으며 대화하는 모습에 혼란스러워할 수 있다. 화해 과정을 아이 앞에서 보여주는 것이 좋다.

"어제 아빠와 엄마가 서로 의견이 달랐는데, 계속 이야기하다 보니 서로 오해한 부분이 있었어. 그래서 아빠 엄마가 서로 사과했어."

두 번째, 싸운 후 아이와 충분히 이야기하고 가족이 함께하는 시간을 갖는다.

"큰소리가 나서 너무 놀랐지? 놀라게 해서 미안해."

우선 아이가 놀랐을 마음을 읽어준다. 그리고 "아빠와 엄마가 서로 의견이 차이가 있지만 서로 사랑하지 않는다거나 너를 사랑하지 않는 것이 아니야"라고 말해준다.

아이의 교육 문제, 양육 문제에 대해서 다퉜다면 아이는 자신의 이야기가 나오기 때문에 자신 때문에 부모님이 싸웠다고 생각할 수 있다. 그럴 때는 부부 싸움을 한 것이 아이의 잘못이 아니라는 것을 꼭 이야기해 줄 필요가 있다.

사실 부부 싸움을 하고 화해를 했다고 해서 감정이 다 해결되진 않을 수 있다. 그럴 때는 가족이 다 같이 놀러 가는 것도 도움이 된다. 음식을 준비해 여행을 가거나, 나들이를 하러 가게 되면 조금씩 서로 어색함이 줄어들고 관계를 회복하는 기회가 된다.

세 번째, 우리 부부만의 싸우는 방법을 찾아본다.

많은 전문가가 아이들이 없는 곳에서 부부 싸움을 하라고 조언한다. 하지만 대부분의 부부 싸움은 자연스럽게 대화하는 도중에 서로 의견이 맞지 않거나 감정이 상한 경우 일어나게 된다. 의식하지 못하는 사이에 목소리가 순간적으로 높아지는 것이다. 대화하다가 언성이 높아졌는데 잠시 멈추고 아이를 재우거나 아이가 없는 곳에서 대화를 이어간다는 것은 쉽지 않다.

그럴 때는 말은 멈추되 글로 대화를 이어가는 것도 좋은 방법이다. 글로 적힌 생각과 감정은 계속 남기 때문에 상대방을 탓하기보다 나의 감정을 적게 될 가능성이 높다. 꼭 얼굴을 보고 말해야만 해결이 되고, 지금 당장 결판을 지어야 한다고 생각하지 않았으면 한다. 물론 서로 합의해야 하는 일도 있지만, 대부분의 일은 결판이 나지 않는다는 사실을 기억하도록 한다.

05

사랑의 언어로 말하는 아이에게

건강한 자존감을 만드는 다정한 경청법

안아줘요,
뽀뽀해 줘요!
사과 8 개
10,000 원

서툰 말 속에 숨은 아이의 진짜 속마음

"엄마의 품에 있으면
친구와 싸웠던 것도
위로받을 수 있어요."

"학교랑 학원
다니느라 지칠 때
힘을 얻을 수 있어요."

"저는
엄마가 안아줄 때
안정감을 느껴요."

"엄마 칭찬해 줘!" "안아줘. 뽀뽀해 줘" "내가 좋아, 동생이 좋아?" 계속해서 사랑을 확인받으려는 아이들이 있다. 이러한 아이들은 "친구들에게 줄 사탕 챙겨줘"라며 주변을 살뜰히 챙기기도 한다.

사랑을 표현하는 아이들은 주로 사랑을 받고 싶은 욕구가 많고, 타인이 필요한 것은 없는지 주의를 기울인다. 그래서 자기 자신보다 친구의 관심사에 집중하곤 한다. 배려를 잘하고 친절하며, 다른 사람을 돕는 것을 좋아하고 친구들과 함께 있을 때 즐거워한다. 친구들과 이야기를 나눌 때도 칭찬하는 말과 질문을 많이 해준다. 친구를 사귀는 것을 중요한 일로 생각하고 늘 주변의 분위기와 상황을 살피는 경향이 있다.

자기보다 다른 사람을 먼저 생각하기 때문에 스트레스를 받기도 한다. 착한 아이처럼 보이려고 노력하는 탓에 자기 의견과 생각, 마음을 털어놓지 못할 때가 있고 친구와의 관계를 중요하게 여기는 만큼 주위의 영향을 많이 받기도 한다. 그렇기에 친구와 사이가 틀어지면 마음 깊이 상처를 받는다.

사랑의 언어를 쓰는 아이들에게는 무엇보다 부모님이나 선생님께 사랑받는다는 느낌이 들도록 해주는 것이 중요하다. 그리고 아이가 원하는 것이나 해야 할 것을 먼저 챙기는 습관을 기르도록 지도하고, 자기 의견을 충분히 표현하고 독립성을 키울 수 있도록 도와야 한다.

몇 가지 질문을 통해 사랑의 언어로 말하는 아이를 이해할 수 있다.

· 엄마가 어떻게 해줄 때 좋아?

· 엄마가 어떻게 할 때, 엄마가 너를 사랑해 준다고 느껴?

· 1에서 10까지 중에 너는 얼마만큼 사랑받고 있는 것 같아?

아이의 말과 행동에 열쇠가 있다. 위의 질문을 통해 알아보는 것도 좋지만, 아이가 사랑을 어떻게 표현하는지 관찰하는 것도 중요하다. 다른 친구나 어른들에게 우리 아이가 어떤 표현을 주로 하는지 살펴하고, 주로 무엇을 요구하는지 귀 기울여 보자. 사랑의 욕구가 강한 아이는 '나는 사랑받기 위해 태어난 사람'이라는 인식이 곧 자존감으로 연결된다. 사랑의 욕구가 채워질 때, 건강한 자존감을 가지고 살아갈 수 있다.

사랑은 수동적인 감정이라고 생각할 수 있지만, 사실은 능동적인 행위다. 독일의 심리학자 에리히 프롬Erich Pinchas Fromm은《사랑의 기술》에서 사랑은 어떤 일을 할 수 있는 능력, 곧 기술art이라고 지적하며, 사랑의 기본 요소로 관심, 책임, 존경, 지식의 네 가지를 제시했다. 많은 부모가 아이를 사랑하는 것은 모성애나 부성애라고 표현하며 당연하고 자연스러운 것이라 생각하여 배워야 한다고 생각하지 않는다. 하지만 사랑은 막연한 느낌이 아니라, 구체적이고 살아 움직이는 표현이다.

그렇다면 사랑의 언어를 가지고 있는 아이들이 건강한 자존감을 키울 수 있도록 어떻게 도와주어야 할까? 부모가 아이의 이야기를 잘 들어주는 것이 기본이다. 경청, 공감, 질문, 격려, 위로가 담긴 알맞은 피드백이 자존감을 높여준다.

저 칭찬해 줘요!
: 인정받고 싶은 아이

2010년 EBS의 다큐멘터리 〈학교란 무엇인가〉 6부는 칭찬의 역효과를 방영하여 큰 충격을 몰고 왔다. 칭찬은 고래도 춤추게 한다고 해서 칭찬! 칭찬! 칭찬! 하면서 아이를 키웠는데, 칭찬의 역효과라니. 양육하는 엄마들과 선생님들은 놀랄 일이었다. 그야말로 칭찬의 반전.

그럼에도 불구하고 상담과 강의를 하다 보면, 여전히 칭찬하는 방법을 모르는 부모와 칭찬에 목말라 있는 아이들을 만나게 된다. 초등학교 학급 상담과 집단 상담을 할 때, 아이들에게 부모님께 제일 듣고 싶은 말이 무엇인지 물어보면 열이면 열 똑같이 대답한다. 어느 학교에 가든 1학년도, 5학년도 대답이 같다. 바로 "잘했어"라는 말이다.

대부분의 부모는 "최고야!" "착하다" "잘했어"라는 말 외에 어떻게 더 칭찬을 해야 할지 모르겠다고 이야기한다. 칭찬이 중요하다고 하니 하긴 하는데, 막상 자녀에게 칭찬을 해보라고 하면 늘 같은 말만 떠오른다.

다양한 표현으로 칭찬하지 못하는 데는 문화의 영향이 크다. 부모들 스스로 잘한 것보다 잘못한 것에 주목하는 문화에서 성장했기 때문이다. 칭찬받은 경험이 많지 않아 칭찬이 자연스럽지 않을뿐더러 더 많은 칭찬을 바라는 아이 앞에서 막막해질 때도 있다. 이를테면 이런 경우다.

"나 동생하고 놀아줬어. 칭찬해 줘."

"그래. 동생하고 잘 놀아주다니. 동생은 행복했겠다. 멋진 누나네."

"엄마, 내가 동생 때문에 얼마나 스트레스 많이 받는지 알아? 내 것 동생이 마음대로 만지고 공책에 낙서해 놓는다고!"

분명 부모는 칭찬해 주었는데, 왜 아이는 만족하지 않고 부모에게 그동안 자신이 힘들었다고 말하는 것일까? 동생과 함께 놀아주는 게 쉽지 않다는 사실을 강조하는 것은 원하는 만큼 칭찬을 충분히 받지 않았다고 신호를 보내는 것이다. 이럴 땐 어떻게 답변해 주는 게 좋을까?

"너에게 스트레스 주는 동생인데, 어떻게 놀아줄 생각을 다 했어? 어떻게 그렇게 할 수 있었어? 사실 속상하게 하는 동생과 놀아주고 친절하게 대해주기는 쉽지 않은데 말이야. 그렇게 할 수 있는 너만의 비결이 있는 거니?"

이 말에 아이는 어깨가 한껏 올라가고, 만족스러운 표정으로 "응, 내가 좀 동생하고 잘 놀아주지"라고 대답한다.

칭찬이 고픈 아이의 속마음

첫째 아이는 동생과 놀아주는 일을 대단하고 자랑스러운 일이라 생각했다. 그리고 엄마가 알아주었으면 하는 마음으로 "칭찬해줘"라고 늘 요구했다.

엄마가 내가 진짜 괜찮은 사람이란 걸 알아줬으면 좋겠어요. 내가 이렇게 잘했는데 내가 얼마나 좋은 행동을 했는지 충분히 알아줬으면 좋겠어요. 그리고 엄마의 관심도 받고 싶어요. 부모님이 칭찬을 해주면 저는 사랑받는 것 같아요.

특히 기질적으로 사랑과 인정을 받고 싶은 욕구가 강한 아이는 부모에게 칭찬해 달라고 더 자주 요구할 수 있다. 칭찬을 들었을 때 부모의 관심과 애정을 느낄 수 있기 때문이다. 모든 아이는 칭찬을 좋아한다. 하지만 특히 인정받고 싶은 욕구가 강한 아이는 더 많이 표현해 주어야 그 욕구가 채워진다.

부모의 말에 민감하게 반응하는 아이는 칭찬에 진심이 담겨 있는지도 누구보다 세심하게 느낀다. 다른 아이에 비해 감정이 세밀하게 연결되어 있어, 본능적으로 진심인지 그냥 하는 말인지를 구분한다.

그렇다면 여러분의 아이는 어떤 말을 들을 때 제일 좋아할까? 어떤 말을 해주었을 때 칭찬이라고 느끼고 충만하게 채워질까? 부모가 "잘했어"라고 똑같이 칭찬해도 아이마다 자신이 듣고 싶은 대로 다르게 받아들인다. "너를 응원해. 자랑스러워. 잘하고 있어. 잘할 수 있어. 잘 될 거야" "참 좋은 생각이야" "친구에게 배려를 잘하는구나" "축구를 잘한다" 등 모두 좋은 칭찬이지만, 어떤 말에는 시큰둥하다가도 어떤 칭찬에는 감동하며 반응한다. 아이마다 듣고 싶은 칭찬이 다른 것이다.

효과적으로 칭찬하는 법

아이뿐 아니라 부모도 생각해 보자. 나는 어떤 칭찬을 받았을 때 제일 흡족한가? 내가 좋아하는 칭찬이 분명 있다. 칭찬을 들었다고 할지라도 진정성이 있고 내가 좋아하는 방식으로 해주어야 기분이 좋다. 아무리 좋은 말이라 해도 당사자가 칭찬으로 여기지 않으면 그만인 것이다.

그렇다면 우리 아이가 어떤 칭찬을 좋아하는지 알고 있는가? 모르면 물어보면 된다.

"어떤 칭찬을 들으면 제일 좋아?"

"최근에 아빠가 해준 말 중에서 어떤 말이 기억에 남아?"

"어떤 말을 해줄 때, '나는 괜찮은 사람이야'라는 생각이 들어?"

질문을 해도 아이들이 바로 대답하지 않을 수 있다. 이런 질문은 받아본 적이 없고, 생각해 보지 않은 경우가 많다. 그래도 질문을 받으면 부모가 나를 존중하고 소중하게 생각한다고 느낀다. 질문 대신 다음과 같이 고마움을 표현하는 것도 칭찬이 될 수 있다.

"네가 아빠에게 도움을 주었어. 고마워."

특히 기질적으로 인정 욕구가 큰 아이라면 충분하게 느낄 수 있도록 표현해 주는 것이 좋다. 아이가 듣고 아주 마음 깊이 흡족해하고 좋아서 춤출 정도로 말이다. 우리 첫째 아이는 흡족한 칭찬을 듣는 날이면 애교 섞인 '잉' 소리를 내며 얼굴을 엄마 품에 비비거나, 춤을 춘다. 참고로 아이마다 칭찬에 대한 반응이 다르니, 우리 아이는 칭찬해 줘도 반응이 크지 않다고 실망하지는 말자.

부모로서 어떻게 칭찬을 해주고 있는지 수시로 돌아보아야 한다. 지금 한번 스스로에게 물어보자. 나는 부모로서 칭찬을 어떻게 해주고 있을까? 자신있게 "저는 칭찬을 많이 해주는 것 같아요"라고 대답할 수도 있다. 하지만 그 칭찬이 효과적인지는, 위에 말했던 것처럼 아이에게 물어보며 점검해 보도록 하자.

그럼에도 여전히 우리 아이에게는 칭찬할 것이 없다고 생각할 수도 있다. 아이의 행동을 당연시 여기거나 긍정적으로 보지 못하기 때문이다. 만약에 동생과 놀아주는 것이나 시험 점수 90점 이상을 받는 것을 당연하다고 여기면 칭찬의 말이 나오지 않을 것이다.

아이에게 칭찬이 술술 나오느냐 말문이 막히느냐는 내가 어떠한 관점으로 아이를 보고 있느냐에 달려있다. 아이의 좋은 점을 계속 찾으려고 하면 칭찬이 술술 나오지만, 아이의 안 좋은 점을 보고 비난하거나 가르쳐야겠다고 생각하면 계속 지시하거나 명령하게 된다. 관점을 바꾸어 보면 이렇게 아이가 달리 보이고 칭찬할 것들이 많아진다.

- 어른들의 말을 잘 듣지 않고 자기 고집을 세운다.

→ 권위에 쉽게 물러서지 않고 자기주장을 한다.

- 요리조리 핑계를 많이 댄다.

→ 머리를 써서 다양한 아이디어를 짜낼 줄 안다.

- 게으르다.

→ 여유롭다.

- 포기를 빨리 한다.

→ 현실적이다.

여전히 어떻게 칭찬해 주어야 할지 모르겠다는 생각이 들 수도 있다. 칭찬의 방법을 모르거나 칭찬의 경험이 부족하기 때문이다. 이런 경우는 칭찬하는 방법을 익히고 아이들에게 적용하면 된다. 심부름을 하고 온 아이에게 "착하다"라고 하기보다 "심부름했네"라고 아이가 했던 행동을 보이는 그대로 읽어주는 것도 좋다.

학습 능력이 뛰어난 아이에게는 "넌 머리가 좋구나"라고 말하기보다 "성적을 올리기 위해 정말 애썼구나"라고 말해주는 것이 좋다. 그리고 "그림을 잘 그리는구나"라는 말보다 "주인공이 살아 있는 것처럼 실감 나게 그렸네"라고 그림 속에 있는 장면을 읽어주는 것이 좋다. 이러한 칭찬을 묘사적, 해설적 칭찬이라고 한다.

평가적 칭찬에 대해 부정적으로 이야기하기도 하는데, 금지할 필요는 없다고 생각한다. 실제로 긍정적인 칭찬이 부족할 때는 칭찬의 종류를 불문하고 해주는 것 자체에 의미가 있으며, 아이들 스스로 평가적 칭찬을 원할 때도 있기 때문이다. 다만 평가적 칭찬에서 시작하여 점차 묘사적, 해설적 칭찬으로 다듬어가면 된다.

칭찬이라고 해서 늘 "우아" 하며 과한 반응을 보일 필요는 없다. 그냥 있는 그대로를 읽어주는 것으로 충분하다. 밥을 다 먹었으면 "밥을 깨끗하게 다 먹었네", 동생과 놀고 있는 모습을 보면 "동생하고 재미있게 놀아주고 있구나. 그런 모습을 보니, 엄마가 기분이 좋다"와 같이 이야기해 주는 식이다. 가끔 정말 칭찬의 말이 안 나온다면, 격려와 고마움을 표현하면 된다.

"오늘 하루도 건강하게 엄마 딸로 옆에 있어줘서 고마워."

"오늘 하루도 웃는 얼굴로 엄마에게 이야기해 줘서 고마워."

안아줘요. 뽀뽀해 줘요!
: 스킨십을 원하는 아이

"선생님, 저희는 맞벌이 부부라 아이가 다섯 살 때까지는 조부모님이 육아를 거의 해주셨고요. 여섯 살부터 제가 키우기 시작했어요. 사랑을 듬뿍 주었는데, 아직도 사랑이 고픈 걸까요? 이제 열 살이 되었는데도 시도 때도 없이 '안아줘, 뽀뽀해 줘!'라며 따라다녀요."

아이가 초등학생이 되고 성장하면서 과한 애정 표현은 대부분 자연스럽게 줄어든다. 키도 크고, 말도 잘하게 되고 학습적인 면에서도 배우는 것이 많아지면 애정 표현도 발달에 맞게 변한다. 과한 애정 표현을 하는 것은 나이에 맞지 않는 것처럼 느낄 수 있다. 그렇다면 안아주고 뽀뽀해 주는 애정 표현은 몇 살까지 해주는 것이 적당할까?

육아에 정답이 없듯이, 이 문제 역시 아이의 특성에 따라 달라져야 하는 부분이다. 아이 입장에서 아이가 원할 때까지 해주면 된다. 부모가 생각할 때 나이에 맞지 않는 것처럼 여겨지고, 성이 달라 불편하게 느껴질 수도 있지만 문제 삼을 필요는 없다. 초등학교 고학년이 되었다 할지라도 아이가 부모의 품을 원한다면 부모는 충분히 스킨십을 통해 애정을 표현해 주는 것이 좋다.

이렇게 스킨십을 좋아하는 아이는 정말 애정 결핍이 있을 수도 있지만, 기질적으로 친밀감을 가지고 싶어 하는 아이일 수 있다. 하지만 어떤 경우든 부모님과 애정을 나누고 싶은 마음은 똑같다.

스킨십은 부모와 아이 사이의 애착에 중요한 영향을 미친다. 1978년 콜롬비아 보고타에서 부족한 인큐베이터를 대신할 방법으로 처음 시행된 캥거루 케어는 현재 우리나라를 포함한 의료선진국에서 폭넓게 시행되고 있다. 캥거루 케어란 엄마의 가슴에 아기의 가슴을 대고 등을 쓰다듬는 행위를 통해 신생아의 체온 유지, 정서 안정, 면역력 증가를 돕는 육아법이다. 영국의 아동 건강 교수인 조이 론Joy Lawn 박사는 그의 연구 논문 〈조산합병증으로 인한 신생아 사망 방지를 위한 캥거루 케어〉에서 캥거루 케어가 미숙아 생존에 가장 효과적인 방법이라고 밝혔다. 엄마와 아기의 스킨십을 통해 아기의 특수 감각 섬유를 자극시켜 옥시토신 분비를 촉신시킴으로써, 아기의 통증을 잠재우고 산모의 심리적 안정을 가져오는 효과가 있다는 것이다.

우리는 모두 아기 때부터 안아주고 볼에 뽀뽀해 주는 것을 자연스럽게 해왔다. 아이는 엄마의 따뜻한 품과 촉감을 좋아하고, 성인이 되어서도 엄마에게 안겼을 때 사랑을 느끼고 위로와 격려를 받았던 경험을 기억한다.

어린이집 교사로 있었을 때의 일이다. 여섯 살 아이가 자유놀이 시간 중간에 교사인 나에게 와서 안기고 다시 놀이를 하러 가곤 했다. 아이들은 필요한 애정을 부모로부터 충분히 채우지 못할 때 가장 시간을 많이 보내고 욕구를 들어줄 수 있는 대상에게서 채워나가기도 한다. 상담을 하다 보면, 스킨십을 어색해하거나 불편해하는 부모들을 종종 만난다. 이들은 아이가 스킨십하는 것에 대해 "치댄다"고 표현하기도 한다.

다시 한번 말하지만, 아이가 원하는 경우 스킨십을 너무 많이 한다고 문제가 되는 경우는 없다. 무엇이든 처음 해보면 낯설고 어색할 수 있지만, 노력을 통해 익숙해지면 습관처럼 일상이 되기도 한다.

아이와 상담을 하다 보면, 물어보지 않아도 부모와의 관계에 대해 이야기할 때가 있다.

"어렸을 때 엄마가 많이 안아줬는데, 지금은 안 그래요. 엄마는 제가 해야 할 일만 말해요."

아이들은 자신이 컸기 때문에 부모의 스킨십은 없어도 된다고 생각하지 않는다. 부모가 안아줄 때, 뽀뽀해 줄 때 사랑을 느끼고,

안정감을 갖는다. 특히 촉각이 발달한 아이들에게는 스킨십은 더욱 중요하다. 부모와의 건강한 스킨십을 통해 스스로를 존중하는 법을 배우고, 타인의 몸이 소중하다는 사실 또한 배우게 된다.

스킨십을 원하는 아이의 속마음

열 살 아이가 "엄마, 안아줘, 뽀뽀해 줘"라고 말하는 경우에는 사랑받고자 하는 욕구가 강할 가능성이 높다. 아이는 '어렸을 때 엄마가 많이 해주었는데, 왜 지금은 많이 안 해주지?'라고 의아하게 생각한다. 자신이 컸기 때문에 스킨십은 굳이 없어도 된다고 생각하지 않는다.

> 저는 확실하게 엄마가 안아줄 때, 뽀뽀해 줄 때 사랑을 느끼고, 안정감을 가져요. 엄마의 품에 있으면 엄마가 바빠서 못 놀아준 것도 괜찮아지고, 친구랑 싸웠던 것도 위로받고, 학교랑 학원 다니느라 지칠 때 힘을 얻을 수 있어요.

부모는 아이가 성장했으니 어렸을 때처럼 아기 대하듯 스킨십을 하지 않았을 뿐인데, 부모에게 사랑받고자 하는 욕구가 강한 아이들에게는 사랑한다는 말로는 부족하다. 오랫동안 안아주며 부모의 사랑을 충분히 느끼도록 해주어야 한다.

아이와 효과적으로 스킨십하는 법

스킨십 하면 보통 아이의 머리를 쓰다듬거나 안아주는 것을 떠올린다. 하지만 스킨십이라고 다 같은 것이 아니다. 아이마다 좋아하는 스킨십이 다르므로 아이가 원하는 방식대로 해주는 것이 효과적이다. 스킨십이 중요하다고 하니 많이 해주면 무조건 좋을 것이라고 생각하기보다, 아이의 의사와 기호를 헤아리는 것이 중요하다.

건강한 스킨십을 위해서는 아이에게 자신의 몸은 소중하다는 것과 신체에 대한 결정권도 함께 가르쳐야 한다. 이를 통해 아이는 다양한 사람과 올바른 인간관계를 맺고, 결과적으로 타인을 존중하는 방법까지도 배운다.

첫 번째, 스킨십 루틴을 만들면 도움이 된다.

스킨십으로 애착을 확인하는 아이들에겐 스킨십이 세상을 살아가는 원동력이 된다. 익숙하지 않더라도 의도적으로 스킨십을 할 필요가 있다.

아이들의 피부는 제2의 뇌라고 불린다. 여러 연구를 통해 알려진 바와 같이, 평소 부모와의 스킨십이 충만한 아이일수록 면연력이 증가하고 사회성도 발달한다. 안정 애착은 사회성과 정서 발달의 기본 조건으로, 양육자와 안정적인 애착 관계를 형성한 아이는 안정감을 갖고 긍정적인 자아 개념을 형성할 수 있다. 또 새로운 환경에서도 능동적으로 탐색을 해가며 인지 발달을 이뤄나갈 수 있게 된다.

꼭 유아가 아니더라도 아침에 팔다리를 주물러주고, 자기 전에 안아주고, 볼도 부비고, 로션을 얼굴에 발라주는 행위는 아이가 사랑받고 있음을 느끼게 한다. 아이가 놀고 있을 때 아이 머리나 등을 살짝 쓰다듬어주거나, 놀이 중 하이파이브를 하는 것도 좋다. 일상에서 사소한 스킨십을 하는 것만으로도 안정적인 애착을 형성하는 데 도움이 된다. 아이가 자랄수록 부모의 스킨십은 점점 줄어들게 되므로, 아이가 성장하는 과정에서 의식적으로 노력하는 것이 좋다.

다음은 참고할 만한 스킨십 루틴이다.

1. 쎄쎄쎄 인사법

아이들과 등원하기 전 하는 인사법이다. 아이와 마주 서서 '쎄쎄쎄' 동작을 만들어 위아래로 손뼉을 친 후 "오늘 하루 힘내!" 라고 구호를 외치며 등교를 시킨다.

2. 포옹 루틴 만들기

아침에 일어날 때, 헤어질 때, 다시 만났을 때, 잠잘 때 등 하루 서너 번 포옹하는 일정한 루틴을 만든다.

두 번째, 눈 맞춤은 스킨십의 의사소통이다.

아이와 정서적 친밀감을 쌓는 가장 효과적인 방법은 두 눈을 맞추며 대화를 하는 것이다. 눈 맞춤은 아이가 청소년이 되어도 해줄 수 있는 애정 표현 방식이다. 하루 10분이면 충분하다. 아이를 따뜻하게 바라보고 들어주는 자세는 아이와 신뢰를 쌓아가는 초석이 된다.

캐나다 캘거리대학교University of Calgary의 아동 발달 전문가인 쉐리 메디건Sheri Madigan 교수는 "스킨십에 앞서 자녀와 대화를 통해 정서적 친밀감을 쌓아야 한다"고 강조한다. 건강한 스킨십은 위로와 안심을 준다. 하지만 아이와 정서적 친밀감 없이 이루어지는 스킨십은 오히려 불안감을 키운다.

부모가 아이에게 '잠깐만'이라는 말을 자주할수록 아이들은 대화를 포기하게 된다. 아이와 신뢰감을 형성하기 위해서는 '부모님이 나를 중요하게 생각하는구나'라는 확신을 주어야 한다. 다른 일을 하고 있던 중이라도 아이가 이야기한다면 "잠깐만, 이거 하고"라고 말하기보다 의식적으로 하던 일을 멈추고, 아이와 눈을 맞추며 들어주려고 노력해 보자.

세 번째, 놀이로 재미있게 스킨십할 수 있다.

아이들은 기본적으로 놀이를 좋아한다. 같은 공부를 할지라도 놀이로 접근하면 집중력과 흥미가 늘어난다는 것은 모두가 알고 있을 것이다. 친밀한 스킨십을 활용한 놀이는 아이와 부모가 함께 재미있는 시간을 보낼 수 있도록 하고, 애착을 형성하는 데도 도움이 된다.

놀이	놀이 방법
몸에 손가락으로 그림이나 글씨 써서 맞히기	손바닥이나 등에 별, 달, 동그라미, 세모, 네모, 이름, 단순한 낱말을 써보며 부모와 아이가 번갈아 맞혀본다.

손가락 맞히기	목 뒤 혹은 등에 다섯 손가락 중 하나를 찍은 후 어떤 손가락인지 맞힌다.
무엇이 무엇이 똑같을까	아이와 함께 거울 앞에 서서 서로 표정을 따라 하거나 서로의 신체를 짚어보며 자연스럽게 스킨십을 유도한다.
비행기 태우기	부모가 누워서 아이의 손을 잡고 다리로 번쩍 올리고 내리기를 반복한다. 아이에게 다른 시야를 경험하게 해주는 효과도 있다.
다양한 손놀이	“같이 책 읽을 사람, 밥 먹을 사람은 여기 붙어라” 라는 노래를 부르며 엄지손가락을 이어서 잡게 하거나, 서로 손바닥 밀기 놀이를 해본다.
신체별 인사법	이마, 코, 볼, 팔꿈치, 손바닥, 엉덩이, 발바닥 등 서로의 신체를 맞대며 인사한다. “안녕. 잘 잤어? 서로 발바닥 인사할까?” “어린이집에서 잘 놀고 와. 우리 엉덩이로 인사할까?”

저 보면서 손잡고 자요!
: 애착 대상이 필요한 아이

"저희 아이는 지금 초등학교 4학년인데도 자기 귓불을 만지고 자요. 어렸을 때 손을 빨고 자길래 손을 못 빨게 하려고 귀를 만지며 자보자고 말했는데, 그것이 습관이 되어 아직도 귓불을 만지고 자네요. 괜찮을까요?"

부모와 상담을 하다 보면 아이의 애착 대상에 대한 이야기를 듣곤 한다. 애착 물건이 엄마의 브래지어 끈인 아이는 아침에 일어나서 밥을 먹으면서도 만지작거리고, 형제의 팔과 다리를 만지면서 자는 아이는 다른 형제자매의 잠을 설치게 만든다. 담요가 애착 물건인 경우, 여행을 가서도 담요를 챙기지 않으면 잠을 자기 힘들어 한다.

영유아 시기에는 아이마다 잠들기 위해 하는 행동이 있다. 머리카락, 귓불, 다리, 팔꿈치 등 부모의 신체 일부를 만지면서 잠들기도 한다. 아이가 자다가 깨서 부모의 신체를 다시 찾으면 부모도 수면의 질이 떨어진다. 정도가 심해지면 부모도 힘들고 불편해 아이에게 "그만 좀 해"라고 화를 내게 된다.

"엄마 등 돌리지 마! 나 보면서 손잡고 자."

우리 첫째 아이도 어렸을 때 잠들기 힘든 날이면 손가락을 빨면서 자신의 배꼽을 만지거나 엄마의 배꼽을 만지면서 자려고 했다. 둘째 아이는 엄마의 손가락을 잡거나 손톱 위를 규칙적으로 누르면서 잠을 청했다. 이럴 때는 부모를 대신하는 중간 대상 역할로 애착 물건이 필요하다. 엄마로부터 분리되어 주체적인 개인이 되어가는 과정에서 애착 물건은 엄마의 온정과 돌봄을 대체하고, 심리적인 안정감을 준다. 영국의 소아과 의사이자 정신분석학자인 도널드 위니코트Donald Winnicott는 "엄마의 몸으로부터 떨어져 나온 아이가 독립적으로 자립하기 위해서는 중간 대상, 중간 역할 혹은 중간 공간이 필요하다"고 강조했다.

물론 모든 아이가 애착 물건을 필요로 하는 것은 아니다. 우리 아이들의 경우에는 성장하면서 엄마의 배꼽과 손을 만지는 횟수가 줄어들었고, 자연스럽게 사라졌다. 애착 물건으로 인형을 주었지만 몇 번 안고 찾지 않았다. 애착 물건이 없는 아이들도 있으니, 일부러 만들어주려고 애쓸 필요는 없다. 둘째 아이는 한 가지 인형에 애착을 느끼는 것이 아니라 자기 전에 주변에 인형을 4~5개 놓고 자고, 담요도 덮어준다. 그러면서도 가끔은 여전히 잠들기 전 엄마의 손을 필요로 한다. 아이마다 애착 물건을 대하는 비중이 다르다.

보통 애착 물건은 생후 1년까지 양육자로부터 느꼈던 오감이 기준이 된다. 2~4세가 되면 중간 대상이 필요해지고, 담요와 인형, 엄마의 옷 등을 찾게 된다. 6~7세가 되면 관심이 친구와 놀이로 옮겨지면서 애착 물건에 대한 집착이 줄어들고, 초등학교 고학년이 되면 애착 물건은 자연스럽게 사라진다.

애착 대상을 찾는 아이의 속마음

이렇게 부모의 신체 일부를 만지면서 자려는 아이의 속마음은 무엇일까?

나도 잠들고 싶은데 엄마와 떨어지는 것은 싫어요. 엄마 손, 머리카락, 팔꿈치 만지면서 자고 싶어요. 엄마 몸에 내 손이 닿으면 연결되는 것처럼 느껴지고 마음이 편안해져요. 엄마와 떨어지는 것은 너무 무서워요.

아이가 잠들면서 느끼는 두려움과 불안을 이해해 주어야 한다. 불안을 느끼는 이유는 다양하지만 보통 엄마와 떨어지는 것과 어둠에 대한 것이다. 그럴 때 "그만 좀 해" "엄마 배꼽 만지지 마" "엄마 손톱 누르면 아파"라고 말하기보다 엄마 신체를 대체해 줄 수 있는 애착 물건을 찾아주는 것이 좋다.

"인형 재워주면서 잘까? 인형이 잘 안 자려고 하네. 자장자장 노래 불러줄까?" "지금 기분이 어때? 네가 잠들 때 엄마는 늘 옆에 있어. 걱정하지 마"처럼 아이가 편안함을 느낄 수 있도록 한다.

아이와 건강한 애착을 형성하는 법

애착은 아이의 성장과 정서 발달의 근간이 되는 중요한 요소다. 아이가 잠들기 전, 부모와 분리되는 불안과 어둠에 대한 두려움을 덜어낼 수 있도록 잠들 때 어떤 기분인지, 부모의 신체 일부를 만지지 않으면 마음이 어떤지 등과 같은 대화를 나눠보는 것이 도움이 된다. 아이는 부정적인 기분을 표현하면서 부모에게 위로받을 수 있다. 부모와의 건강한 애착을 통해 아이는 편안함을 느낀다.

첫 번째, 엄마의 신체를 만지고 잔다면 중간 대상물을 만들어준다.

아이가 잘 때마다 엄마의 몸을 더듬다 보면 엄마도 깊은 잠에 잘 수 없고 자신도 모르게 아이에게 짜증을 낼 수밖에 없다. 아이가 2~4세가 되면 애착 물건을 통해 그 역할을 대신할 수 있게 한다. 말랑한 공이나 인형 등의 대체물은 특히 촉각이 예민한 아이에게 마음을 진정시켜주는 효과가 있다.

두 번째, 애착 대상과 물건을 확장한다.

시기와 필요 정도에 따라 다르지만 성장하면서 애착 대상과 물건을 확장하는 것이 바람직하다. 애착 물건을 한두 개 정도 더 만들어주면 한 가지에 집착하는 것을 분산시켜 줄 수 있어서 좋다.

세 번째, 잠들기 전에 애착을 높여주는 놀이법을 활용한다.

잠들기 전 간단한 놀이를 하는 것만으로 아이의 불안을 잠재울 수 있다.

놀이	놀이 방법
우리 가족 10분 이야기 들려주기	- 부모의 어렸을 때 이야기, 연애 이야기, 아이를 가지기까지의 이야기 - 아이의 탄생 과정, 돌잔치, 아이에게 감동받았던 순간, 고마웠던 일 등
심장 소리 듣기	- 아이와 부모가 서로 가슴에 귀를 대고 심장 소리를 듣는다. - 심장에서 들리는 소리대로 말해준다.
이불 말이	- 이불을 펴놓고 그 위를 굴러본다. - 아이를 적당한 이불에 올려놓고 돌돌 굴린다. 김밥처럼 꾹꾹 누르거나, 손으로 썰어보고, 먹는 시늉을 하며 아이의 몸을 간질인다.
식탁 텐트	- 식탁 위를 비우고 의자도 모두 치운 후, 얇은 이불을 두 장 정도 덮어놓는다. - 식탁 아래에 옅은 조명을 켜고 누워있거나 이야기를 나눈다.

제가 좋아요, 동생이 좋아요?
: 부모의 사랑을 비교하는 아이

아이가 둘 이상인 부모라면 동생과 자기 중 한 명을 택하라는 질문을 한 번쯤은 들어봤을 것이다. 왜 이런 질문을 하는 걸까? 아이는 무슨 대답을 듣고 싶은 것일까?

형제자매 관계는 많은 부모의 고민거리 중 하나다. 동생과 잘 지냈으면 하는 바람이 앞서, 간혹 첫째에게 너무 엄격한 잣대를 들이대기도 한다.

"선생님, 첫째가 누워있는 동생을 밟고 지나갔어요. 그래서 엄청나게 혼냈어요. '너는 누나가 돼서 동생을 사랑해 줘야지, 왜 그런 못된 행동을 하니? 어디서 못된 것을 배운 거야?'라고요."

상담을 온 어머니에게 첫째 아이가 몇 살인지 물었다.

"네 살이요."

부모들은 가끔 첫째 아이도 부모에게 전적으로 사랑받고 싶은 어린아이라는 사실을 잊는다. 아직 어린데 첫째라는 이유로 다 큰 사람처럼 대하는 모습을 종종 본다. 터울이 많이 날 때에는 더욱 그럴 가능성이 크다.

"제 몸은 하나잖아요. 둘째는 당장 젖을 물려야 하는데 어떻게 첫째를 동시에 보나요?"

첫째 아이는 둘째가 태어나고 집안 분위기가 달라진 것을 느낀다. 원래는 자기가 사랑을 독차지했는데, 나보다 동생에게 더 많이 웃어주고, 끊임없이 무언가 해주는 것을 지켜보게 된다. 세상의 중심, 부모의 중심이 '나'였는데, 어느새 자신의 자리를 뺏긴 것 같다는 마음이 든다. 그 원인 제공자는 바로 동생이다. '엄마가 설마 날 사랑하지 않는 것은 아니겠지?'라는 생각에 툭 하고 말이 튀어나온다.

"엄마. 내가 좋아, 동생이 좋아?"

사랑을 비교하는 아이의 속마음

아이가 이 질문을 하는 것은 자신이 우리 집에 속해있는지, 부모가 나를 좋아하는지 확인하고 싶기 때문이다. 부모가 자신을 사랑한다는 것을 간절히 확신하고 싶다. 부모는 연령에 맞게 대하며 관계를 맺는다고 생각하지만, 첫째 아이는 동생에게 살가운 부모의 모습을 보며 자신과 동생을 다르게 대한다고 생각한다.

내 마음속에 자라는 이상한 마음을 누군가 가라앉혀 주었으면 좋겠어요. 분명 지금 우리 집에서 제 자리는 없는 것 같아요.

그렇게 외로움이 아이의 마음속에 자리 잡는다. 초등학교 3학년 때 첫째 아이가 말했다.

"엄마, 나도 둘째로 태어나고 싶어."

그때 나는 무심코 말했다.

"너 어렸을 때, 혼자여서 지금 동생보다 엄마가 더 많이 놀아주고, 엄청나게 사랑 표현을 해주었는데 기억 안 나?"

하지만 아이에게 아무리 과거에 줬던 사랑을 이야기하더라도 지금 사랑을 확인받고 싶은 마음은 해결되지 않는다. 아이는 과거에 부모님이 사랑을 주었든 안 주었든 지금 사랑을 받고 싶은 것이다. 오히려 과거와 달라진 부모의 사랑을 비교하면 서운함과 외로움이 더 강하게 밀려오기도 한다.

아이에게 부모의 사랑을 충분히 알려주는 법

첫째 아이는 부모가 동생만 예뻐한다고 생각하고 질투심을 느끼면서 다양한 행동을 한다. 서운하고 외로운 속마음을 엄마가 안 보는 곳에서 동생을 툭 치는 행동으로 표현하고, 짜증이나 화를 내고 삐지곤 한다. 동생이 태어나면서 사랑을 빼앗겼다는 생각이 드니 두렵고 스트레스를 받는다.

아이는 나이와 터울과 상관없이 사랑을 확인하고 싶어 한다. 아이가 부모의 사랑을 자주 비교한다면, 더 많이, 더 강렬하게 "사랑해"라고 표현해 주어야 한다. 온 몸으로 안고, 온 마음으로 표현해 주었을 때, '엄마는 나를 사랑하나? 좋아하나?'라는, 섭섭하고 외로운 마음이 사라진다.

첫째 아이와 비밀 약속을 하며 "엄마는 동생보다 너를 더 좋아해"라고 이야기해 주라는 조언을 받았다는 부모를 만난 적이 있다. 하지만 이 방법은 권하고 싶지 않다. 일시적으로 엄마와 특별한 비밀이 생겼다고 좋아할 수 있지만, 아이의 외로움과 사랑받고 싶은 욕구가 채워지는 것은 아니기 때문이다. 또한 너를 더 좋아한다는 말은 형제자매 관계를 위해서도 바람직하지 않다.

그러면 이럴 땐 어떻게 말해주는 것이 좋을까? 아이의 마음을 헤아리면서도, 동시에 이해시키는 게 중요하다. 나는 이럴 때 '사랑 바구니' 이야기를 해준다.

아이의 비교 질문	일반적인 부모의 말	더 좋은 관계로 나아가는 말
내가 좋아, 동생이 좋아?	너도 사랑하고 동생도 사랑하지.	이 세상에 너는 딱 한 명밖에 없어. 네가 엄마 딸인 게 너무 좋아.
노래 누가 더 잘해요?	너는 대신 그림을 잘 그리잖아.	사람은 누구나 잘하는 게 달라. 무엇을 하든, 재미있게 느끼는 게 중요해.
동생이 없으면 좋겠어요.	그런 말 하면 안 돼. 동생이 형 없으면 좋겠다고 하면 좋겠어?	요즘 그런 마음이 들었구나. 아빠와 단 둘이 산책할까?
아빠는 왜 동생만 좋아해?	아빠는 똑같이 좋아해.	아. 그렇게 느꼈구나. 아빠가 어떻게 해주는 것이 좋아?

"부모들은 아기가 태어날 때마다 사랑 바구니가 생겨! 너와 동생이 태어났기 때문에 엄마는 두 개의 사랑 바구니가 따로 있어. 동생 때문에 더 많이 기다려야 할 때도 있고, 엄마와 시간을 많이 보내지 못해 속상한 마음도 크고, 스트레스를 받고 있는 거 알아. 사랑 바구니는 따로 있지만, 엄마는 몸이 하나라서 시간은 나눠 써야 해."

동생과 비교하거나 경쟁할 필요가 없다는 것을 알려주는 것이 중요하다. "아빠가 좋아, 엄마가 좋아?"라는 질문이 좋지 않다는 건 이미 많이 알려져 있지만, 여전히 재미로 질문하는 어른들이 있다. 이는 아이에게 선택할 수 없는 것을 강요하는 일이다. 무엇보다 계속해서 들으면 이러한 비교 질문이 형제자매 사이에서도 성립된다고 생각할 수 있다.

아이를 두 명 이상 키우다 보면, 수시로 갈등 상황과 마주하게 된다. 부모는 중재하는 과정에서 옳고 그름을 가르는 재판관이 될 때가 많다. 빨리 상황을 마무리 짓고 싶기 때문이다.

이런 경우 대개 아이들이 기계적으로 "미안해" "괜찮아"를 주고받으며 상황은 종료된다. 물론 사과를 하고 받아주는 것도 필요하다. 다만, 수시로 일어나는 갈등에 부모가 개입해서 속전속결로 해결해 주기보다 이 과정을 통해 서로 이해하고 배려할 수 있는 마음을 가지게 하는 것이 좋다. 아이들이 대화하면서 서로 풀어갈 기회를 주어야 한다. 처벌의 내용 또한 둘에게 모두 벌을 주기보다는, 종이와 풍선을 서로 맞대고 오래 안기 등과 같이 협동 과제를 주는 것이 좋다.

부모들은 아이가
태어날 때마다
사랑 바구니가 생겨!
너와 동생이
태어났기 때문에
엄마 아빠에게는
두 개의 사랑 바구니가
따로 있어.

친구들에게 줄 사탕 챙겨줘요!
: 친구들과 나누고 싶은 아이

"엄마! 친구가 오늘 사탕 가져와서 친구들에게 나눠줬어. 나도 내일 친구들에게 줄 사탕 챙겨줘!"

아이가 어린이집에 다녀와서 이야기한다. 친구가 사탕을 가져와 점심 식사 후에 직접 나누어주었다는 것이다. 친구들에게 나누는 즐거움을 느끼고 관심도 받고 싶어 아이는 집에서 나눠줄 것을 찾거나 부모에게 요청한다. 이런 아이들은 부모의 사랑도 중요하지만 친구들에게 사랑과 관심을 받고 싶어 한다.

"엄마, 내가 오늘 친구들에게 사탕을 나눠주니까, 아이들이 나한테 고맙다고 말했어."

아이가 어린이집을 다녀와서 신이 나서 말한다. 그때의 상황을 자세하게 설명하는 것을 보니 뿌듯하고 기쁜 마음이 들었나 보다.

이러한 나눔을 통해 사랑과 관심을 받고 싶은 욕구가 충족되고 내가 가진 것들을 베풀 수 있다는 것을 알게 된다.

잘 베푸는 아이들은 친구에게 선물을 주거나 잘 챙기는 등 배려심이 깊다. 그리고 마음 씀씀이가 좋다거나 착하다는 말을 듣기도 하고, 사교성이 좋다는 이야기도 듣는다.

"엄마 내가 가지고 간 젤리는 친구가 안 좋아한다고 안 먹는대."

"그래? 그래서 어떻게 했어?"

"응, 그래서 가방에 다시 넣어왔어."

이미 아이의 표정과 말투에서 기분이 썩 좋지 않다는 것이 느껴졌다.

"친구가 안 먹는다고 하니, 기분이 안 좋았니?"

"아니, 뭐. 괜찮아. 다음에 젤리 말고 그냥 사탕을 가져갈까 봐."

말은 괜찮다고 하지만 친구들이 모두 좋아했던 사탕으로 가져가겠다는 것을 보니 자신의 마음을 받아주지 않은 것에 대한 섭섭함이 묻어있었다.

아기가 태어나서부터 영유아 시기까지는 무조건적인 부모의 사랑을 필요로 한다. 부모와의 관계를 통해 사랑에 대해서 배우고 판단하며 애착 관계를 형성한다. 이 시기 아이들이 정서적으로 충족되기 위해서는 부모의 손길과 긍정적인 눈길, 집중적인 관심이 필요하다. 이때 아이는 부모의 감정에 민감하게 반응한다.

하지만 아동기에 접어들면 점차적으로 사회적 관계가 넓어지면서, 아이는 또래나 교사 등 주변과 관계를 맺으며 사랑의 욕구를 채운다. 이 시기 친구와 적절하게 친해지는 방법을 잘 아는 것은 자존감을 건강하게 키우고 앞으로의 사회생활을 든든하게 받쳐주는 지지 기반이 된다.

아이가 친구와의 관계에 관심을 가지는 것은 자연스러운 관문이다. 청소년기가 되면 부모의 사랑은 이제 존중이라는 이름으로, 아이에게 한 발자국 떨어져 독립적인 사람으로 살아갈 수 있도록 돕는다. 이런 성장 과정을 거쳐 아이는 사랑의 욕구를 충족하고, 마침내 정서적 안정감을 바탕으로 사회적 관계를 맺을 수 있다.

친구들에게 주고 싶은 아이의 속마음

아이들에게는 부모와 마찬가지로 친구와의 관계에서도 친밀감을 느끼는 것이 중요하다. 그런데 친해지고 싶은 친구에게 선물이나 장난감을 주는 것으로 마음을 얻으려 한다면, 그 안에는 거절에 대한 불안이 있을 가능성이 크다.

이런 선물을 친구에게 주지 않으면 친구를 안 해줄지도 몰라. 나랑 안 놀아주면 어떻게 하지? 나를 거절하면 어떻게 하지?

친구를 사귀고 친해지는 데 자신감이 없는 것이다. 친구 관계에 소극적일 때뿐만 아니라 과하게 다가가는 경우에도 사회성이 부족하거나 친구 관계가 불안한 것일 수 있다. 그럴 때는 아이에게 기준을 안내하거나 자신감을 가질 수 있도록 도움을 주어야 한다.

친구와 나누며 자기를 지키도록 하는 법

더불어 사는 사회에서 나누고자 하는 마음을 알아주는 것은 사회성과 긍정적 정서를 기르는 데 도움이 된다. 그러니 아이에게 친구와 나누는 마음은 소중한 것이라는 걸 알려주되, 자기의 것은 지킬 수 있도록 안내해 주어야 한다.

첫 번째, 아이에게 선물의 가치를 알려준다.

아이가 비싼 물건이나 산 지 얼마 안 된 물건, 부모의 선물을 친구에게 주었다면 그 이유를 물어보고 부모의 마음을 표현해야 한다. 아이는 "그냥, 친구가 좋아서 줬어"라고 대답할 수 있다. 그럴 때 "아빠가 사준 건데 그걸 왜 친구에게 줘?"라고 비난조로 반응한다면 아이는 죄책감을 느끼게 된다. 또는 무작정 주지 말라고 하면 친구와 관계를 유지하는 것에 불안을 느끼거나 부모 몰래 줘야겠다고 생각할 수 있다.

그럴 땐 "그래, 친구가 좋아서 친구에게 선물로 줬구나"라고 일단 마음을 읽어준 다음, 아이에게 물건의 소중한 가치와 부모의 마음을 설명해 준다. "아빠가 선물한 마음도 소중한데 네가 친구에게 주고 왔다고 하니 아빠 마음이 속상해"라고 말하면 아이는 부모의 마음도 알게 된다.

두 번째, 나의 것과 나눌 것을 구분한다.

집에 있는 물건을 가지고 친구들에게 줄 수 있는 것과 줄 수 없는 것을 함께 분류해 보는 것도 좋다. 이때 아이와 부모의 생각이 다를 수도 있다. 부모 입장에서는 별것 아닌 장난감이 아이에게는 소중한 것일 수도 있고, 아이 입장에서는 별것 아닌 학용품이 부모에게는 중요한 것일 수도 있다. 이럴 때 서로 그 이유를 이야기하며 입장을 조율할 수 있다. 부모와 충분히 이야기 나누며 아이는 줄 수 있는 것과 없는 것에 대한 경계를 파악하게 되고, 명확한 기준을 가지게 된다.

세 번째, 아이에게 친구와 친해지는 데는 다양한 방법이 있다는 사실을 알려준다.

아이가 무엇인가 주어야만 친구와 관계가 유지된다고 생각한다면 친구의 말을 잘 들어주거나, 좋은 말을 해주거나, 친절하게 행동하는 등 여러 방식으로 표현할 수 있다는 것을 알려준다. 그리고 지금까지 아이가 친구에게 잘해온 것이 무엇인지, 어떤 노력을 했었는지 긍정적인 경험을 말하게 한다. 아이가 자신감을 가지고 친구와 관계를 맺을 수 있도록 심리적으로 지지해 주어야 한다.

06

감정의 언어로 말하는 아이에게

공감 능력을 기르는 존중의 경청법

쥬스 먹을래?
아니면
우유는 어때?
아니요!
이것도 싫고,
저것도 싫어요!
JUICE
우유

서툰 말 속에 숨은 아이의 진짜 속마음

"저는
이제 좋고 싫음이
분명해졌어요."

"제 의견을 더 강하게
이야기하고 싶어요.
이제 의견이라는 것이
생겼거든요."

"저는
성장하고
있어요."

“갑자기 눈물이 나” “기분 나빠” “엄마한테 삐졌어” 등으로 자신의 감정을 직접적으로 표현하는 아이들이 있다. “이거 삐뚤어졌잖아!”라며 자신이 원하는 대로 안 되면 짜증을 내기도 하고, “친구가 나랑 안 논대”라며 거절에 민감하게 반응하기도 한다.

이런 아이들은 일상생활에서 주로 감정적으로 반응하거나 표현한다. 의미심장한 말을 던지기도 하고, 아이만의 독특한 감성이 묻어날 때가 많다. 느낌으로 말하는 경우가 많고, 자신의 감정에 의미를 부여한다. 사물에 대해서도 깊이 있게 보거나 자신만의 상상을 즐기고 감성적으로 몰입하는 경향이 있다.

‘왜 그래야만 하지? 난 다르게 보는데’ 등의 근원적 물음과 창조적이고 남다른 시각을 가지고 있다. 아름다운 것을 좋아하고 예술적인 취미를 동경하거나 자신만의 감성과 예민함을 가지고 있어 창의적이라는 느낌을 주기도 한다. 감정이입을 잘해 자신이 겪은 일이 아니더라도 자신이 겪은 것처럼 받아들인다. 주변의 상황에 민감하게 반응하고 진지하게 타인의 이야기를 깊이 들어주기 때문에 따뜻한 느낌을 준다.

하지만 그런 진지함이 때로는 상대에게 부담이 되기도 한다. 또한 친구들로부터 소외감을 더 잘 느낄 수 있어 스스로를 인정하고 편안한 마음을 가질 수 있도록 해야 한다. 다른 사람의 기분을 쉽게 알아차려 상대방의 감정에 따라 결정을 내리고, 조화를 위해 자신의 의견을 굽히기도 한다. 마음의 소리에 귀를 기울여 결정하는 경우가 대부분이라 결정을 내린 이유에 대해서 명확히 말을 못 할 수 있다. 부모는 이런 아이의 감정을 고려해 주어야 한다. 아이의 주관적인 결정에 부모로서 단호하게 검열하기보다는 부드럽게 이해해 주는 것이 필요하다.

유아기는 자신의 감정을 표현하고 형성하는 중요한 시기다. 보통 2세가 되면 인간의 기본 정서를 언어로 표현하고, 3~4세가 되면 자신의 신체 반응과 감정을 연관시킬 수 있다. 그러나 자신이 구체적으로 어떤 감정을 느끼고 있는지 명확히 알지 못해 "아니야" "몰라" "싫어" "안 해"라는 말만 반복하기도 한다. 말로 표현하지 않고 삐지거나 울거나 물건을 던지는 방식으로 표현하는 경우도 있다. 어릴 때는 감정을 다루는 방식이 서툰 게 당연하다. 아이로서는 자신이 어떤 기분인지 분명히 알지 못하고, 생애 처음으로 느껴보는 감정이므로 당황스러울 수 있다.

아이는 아직 타인을 고려하여 감정을 표현하거나 자신의 감정에 일정한 거리를 두고 파악하는 것이 어렵고, 감정을 조절하는 것을 힘들어한다. 아이들은 기억력과 사고력 등을 주관하고 행동을 조절하는 기관인 전두엽의 개입 없이, 감정 표현을 담당하는 변연계만으로 두려움, 기쁨, 슬픔 등의 감정을 조절하기 때문에 자기중심적이고 감정적일 수밖에 없다.

감정의 언어를 쓰는 아이라면, 다음과 같은 질문을 통해 아이의 마음을 알아주고 공감해 주는 것이 도움이 된다.

- 오늘 기분은 어때?
- 엄마가 어떻게 해줄 때, 기분이 좋아?
- 엄마가 어떻게 해줄 때, 너의 마음을 알아준다고 생각해?
- 엄마가 어떤 것을 해줄 때, 마음을 이해받는 것 같아?
- 1에서 10까지 중에 엄마가 얼마만큼 너의 마음을 알아주는 것 같아?

뇌 과학자들은 아이의 뇌의 중요한 감정 체계가 부모의 양육 방식에 의해 결정된다고 말한다. 부모의 양육 태도에 따라 아이가 감정을 표현하는 스타일이 달라지는 것이다. 아이는 부모가 감정을 표현하고 조절하는 방식을 보고 배운다. 부모가 수시로 아래와 같은 질문을 스스로 해보는 것이 도움이 된다.

- 자극을 얼마만큼 감정으로 나타내주는가?
- 감정을 표현할 때 어떤 행동을 보여주는가?
- 감정의 표현이 얼마나 강한가?
- 감정을 스스로 다스릴 수 있는가?

부모가 감정을 대하는 모습은 아이들에게 영향을 미친다. 아이들은 부모가 화를 조절하며 다스리는 모습을 보면서 진정하는 법을 익힌다. "화내면 안 돼"라는 말보다 부모가 화가 났을 때 어떻게 감정을 다스리는지 관찰하며 배운다.

감정을 표현하는 단어에는 450여 개 정도가 있다. 하지만 일상에서 자주 사용하는 감정 언어는 한정적이다. 많은 부모가 아이가 부정적인 감정을 표현하면 불편해하고, 긍정적인 감정만을 표현하게 한다. 아이에게 '미워하면 안 돼' '슬퍼하면 안 돼' '화내면 안 돼'와 같은 말을 자주 하게 된다. 물론 긍정적인 정서를 경험하는 것은 행복감에 좋은 영향을 준다. 하지만 슬픔, 분노, 불안, 질투,

외로움 같은 부정적인 감정을 표현하지 못하게 제한하는 경우, 감정을 제대로 표출할 기회를 가질 수 없다. 부정적인 감정도 지극히 자연스러운 것임을 기억하고, 부모가 먼저 자신의 부정적인 감정을 주저하지 말고 표현할 수 있어야 한다.

언제든 부모가 공감해 주는 것이 중요하다. 아이의 긍정적인 감정에는 응원과 격려를 해주고, 부정적인 감정에는 공감해 주어야 한다. 이 과정을 통해 아이의 마음의 공간이 넓어지고, 그 안에서 공감하는 능력이 자라난다.

갑자기 눈물이 나요
: 감수성이 넘치는 아이

평소에 잘 웃고 놀다가도 별일도 아닌 일에 서운해 눈물을 흘리거나, 책을 읽어주거나 노래를 불러주면 감정에 북받쳐 울음을 참지 못하거나, 어른이 야단을 치는 목소리만 들어도 눈물부터 흘리는 아이들이 있다. 아이마다 눈물이 나는 지점도 다르고 횟수, 길이도 다르다. 툭하면 우는 아이, 한 번 울면 길어지는 아이, 평소에 잘 지내다가 조금이라도 기분이 상하거나 무엇인가 마음에 안 들면 눈물부터 흘리는 아이도 있다.

감수성이 풍부해서 잘 우는 아이들의 부모는 아이의 마음이 약한 것 같아 걱정하기도 한다.

"아이가 길가에 핀 봄꽃들을 보더니, '엄마, 꽃이 너무 예뻐서 눈물이 날 것 같아'라고 말하더라고요. 평소에 겁도 많고 감수성이 풍부하다고 생각은 했어요. 감동을 받아도 잘 울고, 슬픈 영화를 보거나 노래를 들어도 울 때가 있어요. 한 번 울면 오래 가고요. 저렇게 마음이 여려서 이 세상 어떻게 살려고 저러나 걱정이 돼요."

감수성이 높은 아이들에게 눈물이란 울고 싶어서가 아니라 그냥 저절로 나올 때가 많다. 정서적으로 문제가 있다기보다, 기질적으로 민감하고 감정 기복이 있는 것이다. 특히 민감한 아이들은 감정 조절 기능이 제대로 갖춰지지 않은 유아기에 불안정한 모습을 보이기도 한다. 성장하면서 감정 표현 능력이 조절되며 감수성이 풍부한 사람으로 자라나지만, 그 과정에서 부모의 인내심이 필요하다. 아이의 감정 조절을 키워야 한다며 조급한 마음을 가질 필요는 없다. 조절 능력은 스스로 키우는 것으로, 청소년과 성인이 되어가는 과정에서 터득된다.

감수성이 풍부한 아이를 마음이 약한 아이로 받아주기도 하지만, "울지 마!"라며 엄하게 다그치는 경우도 있다. 이런 아이의 모습에 "아이가 징징거린다"라고 이야기하거나 "아이의 모습에 짜증이 난다" "아이를 다그치게 된다" 등으로 반응하는 부모도 종종 본다.

심리학적으로 눈물은 방어기제라고 한다. 자신을 보호하고 싶은데 방법을 몰라서 우는 것이기 때문이다. 돌 이전에는 스스로 문제를 해결할 수 없기 때문에 울음은 기본적인 욕구를 충족시킬 수 있는 수단이었고 유일한 의사 표현이다. 7~8개월이 되면 인지 능력이 발달하고 분리불안을 느껴 부모와 떨어지면 울기 시작한다.

그렇다면 우리 아이는 왜 우는 것일까? 아이에 따라 다양한 이유가 있겠지만 대부분은 아래에서 찾아볼 수 있다.

- 슬픈 장면을 보거나 슬픈 이야기를 들을 때
- 스트레스를 받아 부정적인 감정을 표출하고 싶을 때
- 마음에 들지 않는 일이 생겼을 때
- 원하는 것이 있는데 못 하게 할 때
- 부모가 자기한테 화난 거 같을 때
- 부모가 혼내는 상황이 억울할 때
- 자신의 마음과 달라 속상할 때
- 혼날 행동이라는 걸 알지만 자신의 속마음을 먼저 알아주지 않았을 때
- 무언가 자기 뜻대로 안 될 때

여름에 털모자를 쓰려고 했는데 부모가 못 쓰게 하거나, 자신이 원하는 머리 모양이 아니거나, 선택한 옷이 마음에 들지 않거나, 텔레비전을 보고 싶은데 어린이집에 가야 하거나, 반찬 먹고 밥 먹으려고 했는데 아빠가 밥에 반찬을 올려줬거나, 책을 더 읽고 싶은데 엄마는 자라고 하거나 등 아이마다 우는 지점이 있을 것이다.

아이가 왜 우는지 이유를 알지 못할 때는 공감해 주어야 하는

지, 아니면 우는 버릇을 고쳐줘야 하는지 갈등이 되기도 한다. 당장 아이가 짜증을 내고 소리 지르며 우는데 부모도 좋은 감정이 들리 없다. 부모는 아이의 짜증에 화를 내거나 혼내게 되고 아이는 다시 서럽게 울며 상황이 종료된다. 부모는 시간이 지나면 별것 아닌데 지나치게 화를 낸 것이 아닌가 생각하며 후회하고, 아이는 부모의 말을 안 들은 것에 미안한 감정을 가지게 된다.

"나는 엄마랑 더 같이 있고 싶은데, 엄마랑 노는 것이 재밌는데, 어린이집 가기 싫어해서 미안해요."

단순히 아이가 고집과 오기를 부린다고 생각했는데 엄마와 함께하고 싶었다는 말에 엄마의 마음의 덜컹 내려앉고 화낸 것이 미안해진다. 아이의 반복되는 행동에 부모는 "또 시작이다, 또!"라는 부정적인 시선을 가지게 될 때가 많은데, 아이의 행동에는 다 이유가 있다. 부모는 아이의 짜증과 우는 모습에 반응하느라 가끔씩 아이를 이해하고 공감해 주어야 한다는 사실을 잊곤 한다.

감수성이 풍부한 아이의 속마음

"엄마, 눈 온다. 북극곰도 좋아하겠지?" "아빠, 벚꽃이 너무 아름답지 않아?" "애벌레가 나비가 되어 애벌레가 없어졌어. 엉엉. 애벌레야"….

감수성이 풍부한 아이는 기발한 상상력과 섬세한 감각으로 부모를 놀라게 하곤 한다. 저렇게 해서 어떻게 이 세상을 살아갈까 걱정하기보다, 감정 이입을 잘하는 뛰어난 아이, 공감 능력이 뛰어난 아이로 보자.

아빠, 나는 내가 마음을 준 것들이 나와 연결되어 있는 것 같아요. 그래서 기쁘면 같이 기쁘고, 슬프면 같이 슬퍼요. 아빠가 화내면 또 내가 아빠를 화나게 한 것 같아 나한테 화나고 짜증이 나요.

이 아이들은 계속해서 부모의 표정을 살피고, 부모가 울면 옆에서 안아주고, 휴지를 가져다주고, 공감해 주는 따뜻하고 풍성한 감성을 가지고 있는 아이다. 아이가 가지고 있는 것들을 장점으로 봐주었을 때 심리적으로 안정감을 느끼고 자신의 감정을 창의적으로 표현해 내는 능력을 발휘할 수 있다.

아이의 마음을 이해하는 법

아이가 공감 능력이 뛰어난 것은 좋지만, 슬픈 마음을 주체할 수 없다면 스스로 힘들게 느껴질 수 있다. 부모도 아이를 어떻게 달래주어야 할지 몰라 곤혹스럽다. 아이의 마음을 살펴보고, 아이가 감정을 잘 처리할 수 있도록 도와주어야 한다.

첫 번째, 아이가 눈물 흘리는 이유를 알아본다.

눈물부터 흘리는 아이라면 그 이유를 크게 부모의 양육 태도, 아이의 기질, 욕구를 충족시키기 위한 목적 세 가지로 나눠볼 수 있다. 어디에 해당되는지 살펴보도록 하자.

양육 태도	과잉 보호 하면서 키웠나요?	소위 '오냐오냐' 키워 '응석받이'로 자라 때와 장소를 가리지 않고 울음부터 터뜨리는 경우다. 눈물의 마법을 알고 학습한 것이다.
	너무 엄하게 키웠나요?	엄격하게 양육한 경우 아이의 마음이 늘 긴장되고 움츠러들어 있어, 심리적으로 위축되어 누가 뭐라고 말만 하면 서럽고 속상하다. 자신의 마음을 말로 표현할 기회가 주어지지 않았다 보니 눈물로 표현하게 된다.
아이의 기질	감수성이 예민한 아이인가요?	신경이 다소 과민한 부분이 많아 눈물이 많은 경우, 기질은 있는 그대로 받아들이고 감정을 조절할 수 있는 방법을 찾아주는 것이 필요하다. 감정을 표현하는 방법을 모르는 경우라면 부정적 감정을 눈물이 아니라 적절하게 표출하는 방법을 가르쳐줘야 한다.

욕구 충족	관심을 끌기 위해 눈물을 사용하나요?	단순히 부모의 관심을 끌고자 눈물을 활용하는 아이도 있다. 자신의 욕구를 충족시키기 위해, 혹은 부모와 타인의 시선을 받기 위해서 눈물을 흘리기도 한다.

두 번째, 감정을 조절하고 표현하는 시간을 확보한다.

감정 조절 능력이 좋은 아이는 부정적인 감정을 받아들이고 대화를 이어간다. 화가 날 때 눈물을 잘 참는 것이 감정 조절을 잘하는 것은 아니다. 자신의 현재 감정을 인식하고 표현하는 능력, 불편한 감정을 원래 상태로 돌려놓는 능력이 바로 감정 조절 능력이다. 울음을 그치게 하는 것이 목표가 되는 것이 아니라, 감정을 말로 표현하는 방법을 익히는 것이 핵심이다.

이때 아이가 스스로 감정을 조절하는 연습을 할 수 있도록 시간을 주는 것이 중요하다. 아이가 운다고 원하는 것을 바로 들어주거나 혼내는 것이 아니라 아이가 눈물을 스스로 그칠 때까지 가만히, 옆에서 혹은 조금 떨어진 곳에서 지켜보며 기다리는 것이다. 부모의 인내가 필요한 시간이다.

아이가 바로 대답하지 않더라도 충분히 기다려주고, 왜 우는지, 원하는 것이 무엇인지, 어떤 기분이 들었는지 설명할 기회를 주어야 한다.

"울지 마, 지금 울음 뚝 그쳐"	"네가 생각할 시간을 줄게. 엄마가 옆에서 기다려줄게"
· 아이의 욕구를 헤아리지 않고 억지로 그치게 하면 아이는 자신의 생각과 기분을 인정받지 못한다고 느끼며 불만이 쌓이게 된다. · 감정과 생각을 표현하는 법을 배우지 못하고 오히려 마음을 숨기는 아이로 자라게 된다. · 부모가 스트레스 원인을 제거해 주거나 기분을 전환시켜 주는 것은 도움이 되지 않는다.	· 울음으로만 표현되었던 감정을 해소할 수 있다. · 아이가 눈물을 흘리는 것을 바로잡아야 할 행동으로 보기보다, 감정을 조절해 나가는 과정에 초점을 맞추는 방식이다. · 충분히 쌓인 감정을 풀 수 있도록 기다리는 것이다.

"마음이 많이 힘들었구나! 울면서 말하면 엄마가 너의 이야기를 잘 들어줄 수 없기 때문에 너의 마음을 충분히 알 수가 없어. 마음을 조금 가라앉히고 엄마에게 이야기해 줄래?"

아이는 안정된 상태에서 자신의 감정을 드러낼 수 있고, 이런 경험이 쌓이면 아이는 울음보다 대화가 자신의 마음을 더 효과적으로 표현하는 방식이라는 사실을 알게 된다.

아이를 참고 기다리는 것은 힘든 과정이다. 특히 밖에서 아이가 울게 되면 남의 시선을 의식하는 한국의 분위기 때문에 더 과하게 다그치고 혼내게 된다. 그러면 아이는 수치스러운 감정을 느끼고 상처로 남는다. 우는 것에 대해 부정적인 피드백을 자주 받으면 감정 표현 자체를 부끄럽고 나쁜 것이라 생각할 수도 있다. 그러면 자신의 감정을 자연스럽게 표출하기보다 억누르고 있다가 부적절한 상황에 터뜨릴 수도 있다.

세 번째, 아이의 마음을 읽어주며 공감해 준다.

4~5세부터는 좌절감, 슬픔, 분노의 감정을 다양하게 느끼게 된다. 아이가 울음을 그치고 진정되면 자신이 느낀 것을 말로 표현하도록 돕는다. 만약에 아이가 표현에 서툴다면 부모가 대신 그 이유를 말해줄 수 있다.

"친구와 헤어져서 아쉬웠구나."
"동생이 장난감을 가져가서 화가 났구나."
"형아가 지나가다가 장난감을 가지고 가서 화가 났구나."
"네가 열심히 그린 그림을 아빠가 밟아서 속상했구나. 미안해."

이때 아이가 느낀 감정을 표현하는 단어를 활용한다. 아이들은 자신의 마음을 몰라준다는 생각이 들 때 울음으로 표현한다. 아이의 마음에 공감하고 헤아려주는 자세가 중요하다. 부모에게는 별것 아닐 수 있지만 아이에게는 엄청난 일일 수 있고, 상처가 될 수 있다는 사실을 기억하자.

"다음에도 속상하거나 화 주머니가 커지면 엄마에게 솔직하게 얘기해 줘."

"아빠는 언제나 너의 말을 들어줄 준비가 되어 있어."

기분 좋아요! 기분 나빠요!
: 감정 기복이 있는 아이

"아이가 기분이 오르락내리락해서 갈피를 못 잡겠어요. 잘 놀다가도 무엇인가 자기 뜻대로 안 되면 짜증을 내요. 아이 기분을 맞춰주려고 하는데, 아이의 감정을 따라갈 수가 없어요. 분명 조금 전에는 블록 놀이를 즐거워했는데, 금방 집어던지고 짜증을 내더라고요."

3~6세가 되면 아이도 어른처럼 감정을 느끼기 시작한다. 감정의 세분화가 일어나는 시기이기 때문에 마음의 변화도 크게 경험한다. 보통 5~6세가 되면 공감 능력이 생기면서 주변 상황을 이해하고 타인의 감정을 지각할 수 있지만, 감정을 조절하는 능력이 부족하여 통제하는 데 시간이 걸린다. 보통 사춘기가 지난 후에야 전전두엽이 효율적으로 감정을 조절할 수 있게 된다. 그 전에 감정

조절이 미숙한 것은 당연하다.

특히 기질적으로 감정 기복이 있는 아이들은 감수성이 예민하고 자기 감정에 솔직하다. 감정 조절이 안 되는 상황에서는 소리를 지르거나 짜증스러운 반응을 보일 때도 있다. 중간 정도의 감정을 유지하기보다 좋으면 좋고, 싫으면 싫은 극단적인 양상을 보인다. 아이가 기분이 좋을 때는 세상에서 제일 행복한 아이처럼 노래도 부르고, 부모에게 감동을 주는 행동을 하다가 기분이 안 좋을 때는 격렬하게 반응한다. 방으로 뛰어 들어와 웃어대다가도 30초만 지나면 화가 나서 씩씩거리기도 한다. 감정이 폭발하는 경우도 잦다.

이럴 때 많은 부모가 아이를 따라 격렬하게 반응하곤 한다. 물론 화를 참기란 쉽지 않겠지만, 아이의 마음을 먼저 헤아려주는 것이 필요하다.

"무엇인가 뜻대로 잘 안 되었니? 무엇이 너의 기분을 나쁘게 만들었을까?"

"블록이 잘 안 끼워졌구나."

"아, 색연필이 금방 부러졌구나."

"글씨를 잘 쓰고 싶은데, 이상하게 써졌구나."

"네 마음대로 잘 안 되어 속상했겠다."

감정 기복이 심한 아이의 속마음

아이의 감정이 "좋아"에서 "싫어"로 순간적으로 바뀔 때, 아이는 10층에서 1층보다 더 아래인 지하 5층까지 순식간에 내려가는 경험을 한다. 서서히 감정이 조절되면서 내려오는 것이 아니라 한 순간에 바뀌니 얼마나 그 감정이 힘들까? 아이는 짜증을 내면서 부모에게 표현한다. 그러면 부모도 참을 수 없다.

"너는 왜 엄마한테 그러는 거야? 엄마가 어쨌다고! 왜 엄마한테 짜증 내고 화내고 소리 지르는 거야!"

그러면 아이는 큰 소리로 울거나, 다시 막무가내로 짜증을 내는 것처럼 보이지만, 사실 여기에는 마음의 소리가 담겨있다.

나도 왜 이러는지 모르겠어요. 도와주세요. 내 마음을 내가 어떻게 해야 하는지 모르겠어요. 엄마를 화나게 하려고 했던 것은 아니에요. 그런데 엄마가 화를 내니 속상해요.

아이와 재미있게 놀다가 아이가 갑자기 짜증을 내면, 같이 화를 내기보다 아이가 가지고 놀았던 장난감이나 주변의 상황, 아이의 컨디션을 살펴보는 것이 좋다.

아이가 감정을 잘 다룰 수 있도록 돕는 법

아이가 감정 기복이 심하면 부모도 양육하기 힘들다. 하지만 아이의 감정 기복을 나쁘게 보기보다 좋은 점도 봐주는 태도가 필요하다. 덧붙여 몇 가지 활동을 같이 하며 아이가 감정을 잘 다룰 수 있도록 도와줄 수 있다.

첫 번째, 장점과 강점을 확장시킨다.

감정 기복이 심한 아이들은 부모를 놀라게 하는 기발한 행동을 보여주기도 한다. 자기만의 감성으로 말과 그림으로 표현하며, 예술적이고 상상력이 많아 창조적인 모습을 보인다.

아이가 이러한 모습을 보일 때 적극적으로 아이의 강점을 피드백해 주면 좋다. 정해진 틀 안에서 키우다 보면 마찰이 있을 수 있기 때문에 아이가 좀 더 자유롭게 호기심을 가질 수 있도록 관심 분야를 찾아주도록 한다.

두 번째, 아이와 감정 공부를 해본다.

감정 카드, 감정 스티커를 가지고 지금의 기분, 오늘의 감정을 이야기해 보거나, 그림책을 활용하여 다양한 감정을 살펴볼 수 있다. 단순한 표현에서 벗어나 다양하고 세분화된 표현을 이미지화하는 과정에서 감정이 더욱 명료해지고 스스로 조절할 수 있게 된다. 또한 자신의 감정뿐만 아니라 다른 사람의 감정에도 관심을 갖는 계기가 된다.

아래와 같은 활동도 도움이 될 수 있다.

나의 기분을 말해봐요	감정 사전 만들기
기쁨, 슬픔, 화남, 놀람 등 감정을 표현한 그림을 보고 자신이 그 감정이 느꼈던 경험을 이야기해 본다. 이 활동을 통해 감정을 어휘로 표현할 수 있다.	각 감정을 느끼게 했던 상황을 그림으로 그려본다. 그리고 이 그림들을 묶어 사전의 형태로 만든다. 같은 감정이더라도 연령별로 느끼고 경험하는 것이 다르기 때문에 주기적으로 하는 것도 도움이 된다.

세 번째, 감정의 흐름을 살펴보고 대안 행동을 안내한다.

아이의 감정이 너무 오락가락한다면 하루 동안 아이의 감정 흐름을 살펴보아야 한다. 아이가 기분이 좋을 때는 어떠한 활동을 하고 있는지, 짜증은 어떤 상황에서 내는지, 집중하는 시간대와 좋아하는 활동은 무엇인지 말이다.

민감한 아이들은 매일 같은 일정이나 반복되는 놀이와 학습에는 더 지루해한다. 같은 활동이라도 조금씩 변화를 줘야 흥미를 잃지 않는다. 아이가 짜증을 내면서 부모를 때리거나 물건을 던진다면, 행동을 제한한 후 대안 행동을 말해주는 것이 좋다.

"많이 서운했구나. 그래, 그럴 수 있었겠다. 하지만 서운하다고 해서 아빠에게 물건을 던지면서 짜증 낼 수는 없어. 대신 아빠에게 '아빠, 저도 아빠가 필요해요. 지금 짜증이 날 것 같아요'라고 말해줄래?"

네 번째, 스트레스를 받는 일이 있는지 살펴본다.

유난히 스트레스에 크게 반응하는 아이들이 있다. 아이들의 뇌는 스트레스를 느낄 때마다 하위 뇌 쪽의 경보체계가 늘 과민 반응을 하게 된다. 그 반응을 눌러주고 조절시켜 줄 상위체계와의 연결고리는 부모의 양육을 통해서 만들어질 수 있다.

아이가 갑자기 감정 기복이 있는 모습을 보인다면 일상에서 힘들고 버겁다고 느낀다는 신호로 봐야 한다. 동생이 태어났는지, 부부 싸움에 노출되었는지, 학습량이 늘어났는지, 이사로 환경이 바뀌었는지, 부모에게 통제나 엄한 훈육을 경험했는지, 친구들과의 관계에서 어려움이 있었는지 알아봐야 한다.

우선은 아이에게 "요즘 힘든 일 있어?"라고 물어본다. 하지만 아이가 자신이 왜 그런 기분이 드는지를 인지하지 못하거나, 부모에게 어떻게 말해야 할지 몰라 망설이며 말하지 않을 때는 "언제든지 엄마의 도움이 필요하면 말해줘"라고 이야기한 뒤 일상에서 스트레스 요인이 있는지 찾아본다. 선생님과 상담을 하는 것도 좋은 방법이다. 아이가 성장하며 스트레스를 안 받을 수는 없지만 스스로 극복할 수 있는 환경을 만들어주는 것은 필요하다.

다섯 번째, 일과를 미리 안내한다.

까다로워 보이는 아이들 중에는 오히려 규칙이나 일상적인 패턴을 미리 만들어 안내해 주면 안정감을 느끼는 경우가 많다. 어린이집 등원을 거부하는 아이들이 있는데, 예민한 아이 입장에서 어린이집은 낯선 곳이기에 매일 가는 것이 두려울 수 있다.

대화가 가능한 연령이라면 어린이집에 몇 번을 가야 하는지 알려주는 것이 도움이 된다. 일주일 중 오늘은 몇 번 갔는지, 몇 번 가야 하는지 숫자를 함께 세보면 아이는 안정감을 느낀다.

여섯 번째, 때로는 유머로 아이의 감정을 말랑하게 풀어낸다.

아이들과 〈하늘에서 음식이 내린다면〉이라는 영화를 함께 봤다. 영화에는 주인공이 당황스럽거나 난감할 때 두 손을 올린 다음, 허리에 손을 놓고 웃는 모습이 나온다. 이 장면이 재미있어 영화를 보는 동안 아이들과 웃으며 '허리 웃음'을 따라 했다.

어느 날 아침, 둘째 아이가 "어린이집 갈 시간이야"라는 엄마의 말에 재미있게 놀다가 기분이 바뀌더니 "어린이집 가기 싫어"라며 짜증을 내다 엄마를 발로 찼다. 그리고는 자신의 행동이 당황스러웠는지 영화의 '허리 웃음'을 따라 하며 엉뚱한 방법으로 해결하려 했다.

물론 다른 사람을 때리는 행동은 잘못된 것이므로 훈육해야 한다. 하지만 잠시 가만히 기다려주니 아이가 엄마에게 와서 말했다.

"엄마, 미안해요. 제가 엄마 때려서 미안해요."

아이의 사과에, "먼저 사과해 줘서 고마워"라고 말하고 '허리 웃음'을 하며 넘어가 주었다. 아이의 실수나 잘못된 행동에 대해 늘 훈육하기보다, 가끔 한 발자국 뒤로 물러나면 아이가 스스로 사과하는 기회를 줄 수 있고, 유머로 감정을 풀어낼 수 있다.

엄마한테 삐졌어요!
: 마음을 알아주길 바라는 아이

"아이에게 누나 공부하니 조금 조용히 하라고 한마디 했어요. 하루 종일 가자미 눈을 뜨고 온몸으로 자신이 삐졌다고 표현하는 아이를 보니 속에서 천불이 나요. 다른 아이보다 유독 잘 삐지고, 늘 이렇게 표현해요. 도대체 왜 이런 걸까요?"

달래주려 해도 입만 삐죽 내민 채 대꾸도 안 하고 뾰로통해 있는 아이. 삐졌다는 티를 내며 하루 종일 말을 시켜도 대답 안 하는 아이와 있을 때면 부모들은 더 이상 어떻게 해야 할지 영문을 알 수 없다. 속으로 참을 인을 새기며 말을 붙여보지만 소용없을 때가 많다. 마침내 그 이유를 듣게 되었는데 부모 입장에서 별것 아닐 때는 당황스럽기까지 하다. 이렇게 자주 삐지는 아이가 선생님과 친구에게도 이러면 어떡하나, 걱정이 되기도 한다.

3~5세는 타인을 생각하기보다 자기중심성을 보이는 시기다. 또한 아직 언어로 자신의 불편한 마음을 잘 표현하지 못해 거부하거나 삐지는 방식으로 표현하는 것은 자연스럽다. 하지만 초등학교에 들어가서도 자주 삐진다면 너무 자기중심적인 것은 아닌지 주의 깊게 살펴볼 필요가 있다. 또한 공격적인 말이나 표현을 통해 주변의 관심을 얻거나 자신의 뜻대로 상황을 바꾸려는 심리적 동기가 숨어있다면, 부모로서 적절한 방식을 알려줄 필요가 있다.

서운함을 표현하는 아이의 속마음

자신의 마음을 이해받지 못할 때 아이는 속상하다. 부모는 그냥 답답하다고만 생각할 수 있지만, 아이의 "삐졌다"는 말에는 깊은 마음이 담겨있다.

나 지금 화났어요. 아빠는 내 마음도 몰라주고, 내 마음이 좋지 않아요. 위로해 주세요.

아이는 '삐지는 감정'이 정확히 어떤 것인지 모를 수도 있다. 무엇인가 자신의 마음에 들지 않는다는 불편함을 "삐졌다"는 말로 표현한 것이다. 그 안에 부끄러움과 서운함, 억울함이 다 들어있다.

그러니 "너 그러면 안 돼. 아빠도 화낼 거야. 왜 이렇게 입이 튀어나왔어?" 혹은 "진짜 별것 아닌 것 가지고 또 그런다"와 같은 식으로 반응해서는 안 된다. 그보다는 아이가 어떤 상황에서 삐지는지를 살펴보고, 그 감정이 어떤 것인지 알도록 도와주어야 한다. 그래야 아이가 나중에 비슷한 감정이 들었을 때, 자신의 마음이 어떤지 살펴볼 수 있기 때문이다.

아이의 마음을 헤아리는 법

아이가 잘 삐질 때, 부모는 더 좋은 관계를 위해 어떻게 해야 할까? 삐지게 된 이유는 다양하겠지만 여기서는 세 가지로 나누어 살펴보고 부모가 어떻게 반응해 주어야 할지 이야기해 보자.

첫 번째, 심리적으로 상처를 받았는지 파악한다.

아이의 기분이 나아지지 않을 정도로 많이 삐졌다면 먼저 상한 기분을 달래주고 그다음에 왜 이렇게 기분이 나쁜지 이유를 물어보자. 이때 아이가 황당한 대답을 해도 다그치거나 무시하지 않는다.

부모 입장에서 별것 아닐 수 있지만 아이에게는 큰 사건일 수 있다.

예를 들어, 아이는 동생이 생긴 이후 관심을 받고 싶은 욕구가 채워지지 않아 삐졌다는 말을 할 수 있다. "동생이 내가 만든 블록 망가뜨렸어"라는 아이의 말에 "동생들은 다 그래. 네가 누나니까 이해해"라고 반응한다면, 아이는 속상함과 분노가 쌓이게 된다. 부모의 무신경한 반응으로 인한 좌절감은 "부모님은 내가 원하는 것도, 내 마음도 몰라"라는 부정적인 감정을 마음속에 자리 잡게 한다.

마음속에 해소되지 못하고 감춰진 부정적인 감정은 어디서든 불쑥불쑥 튀어나온다. 그래서 사소한 자극에도 예민하게 반응하게 된다. 아이의 반응을 볼 때 '그게 삐질 일인가? 그 정도로 속상해할 상황이 아닌데, 왜 자주 삐지지?' 하며 이해되지 않을 수 있다. 아이의 속마음을 모르고 상황만을 봤을 때는 이유 없이 예민하고 화를 잘 낸다고 단정하게 된다.

다만 삐지는 행동이 오랜 기간 반복되면 이는 아이의 굳어진 성격으로 자리 잡게 되고, 부모의 우려대로 또래 관계에서도 어려움을 겪을 수도 있다. 부모가 이해하지 못하는 이유라 할지라도, 아이가 느낀 속상한 감정을 있는 그대로 받아주어야 한다.

"그동안 알아주지 못해서 미안해"라고 말하며 충분히 마음을 이해하고, 안으며 토닥여주자. 부모가 충분히 노력했는데도 아이가 마음을 풀지 않는다면 마음속에 쌓여있는 감정을 드러내는 데까지는 시간이 걸릴 수 있는 것을 수용해 주어야 한다. 안정적인 정서 반응을 나타낼 때까지 기다려주고, 시간이 걸리면 그만큼 아이가 힘들었던 것이라고 이해하는 마음이 필요하다.

	아이의 감정을 상하게 하는 말	아이를 따뜻하게 하는 말
동생이 잘못한 것을 이를 때	"동생들은 다 그래. 네가 누나니까 그냥 이해해."	"동생이 망가뜨려 화도 나고 속상했겠다."
애정을 요구할 때	"너는 다 큰애가 왜 계속 안아달라고 하니."	"이리 와, 엄마가 백만 번 안아줄게."

두 번째, 자신의 요구를 주장하기 위한 것인지 살펴본다.

자신의 요구를 주장하기 위한 것이라면, 아이 혼자 기분을 풀 수 있도록 시간을 준다.

어느 날 저녁에 아이가 즐겁게 놀이에 빠져있는데, 씻고 자야 할 시간이 다가왔다. 이제 그만 씻고 자자고 이야기했더니, 아이가 "이렇게 자꾸 씻으라고 하면 엄마랑 다시는 안 놀 거야"라고 말하며 문을 쾅 닫고 들어가버렸다.

보통 당황스러운 것이 아니지만, "너 이게 뭐 하는 짓이야!"라고 방문을 열고 들어가서 혼내기보다, 아이의 행동에 반응하지 않고

"5분만 더 놀고 나와. 씻을 준비가 되고, 기분이 좀 괜찮아지면 나와. 엄마가 기다려줄게"라고 말했다.

아이가 밖으로 나왔을 때 "씻고 자는 것보다 더 놀고 싶었구나"라고 아이의 기분을 먼저 읽어줬다. 그리고 왜 씻고 자야 하는지에 대해 반복해서 이야기해 주었다.

"너를 못 놀게 하려는 것이 아니야. 자야 할 시간이기 때문에 씻고 자야 돼서 이야기하는 거야."

아이들은 이 과정을 통해 자야 할 시간이 되면 더 놀 수 없다는 사실을 받아들인다. 충분히 설명해 줘야 일상에서 같은 일들이 반복되지 않는다.

부모도 사람인지라 아이가 문을 세게 닫고 들어간 것에 대해 혼내고 싶은 마음이 생길 수 있다. 하지만 분명히 목적은 아이를 씻고 재우는 것이다. 혼내는 것보다 다음에 아이가 어떻게 말하면 좋은지 안내하는 것이 좋다.

"다음에 더 놀고 싶으면, '엄마 조금만 더 놀게요'라고 이야기해 줘."

삐지지 않고도 자신이 원하는 것을 말하게 하는 방법을 알려준다. 그리고 아이가 삐져서 문을 닫고 들어가거나 하면 부모의 마음이 불편하다는 것도 알려줄 필요가 있다.

세 번째, 관심을 받기 위해 습관적으로 삐지는 것일 수도 있다.

습관적으로 관심받기 위해 삐지는 것이라면, 즉각적인 반응을 보이지 말고 무심하게 대처하면서 동시에 아이가 제대로 된 표현을 하도록 유도하는 것이 좋다. 우선 아이의 화나 짜증이 가라앉을 때까지 기다리며 아이도 자신의 감정을 다스릴 기회를 준다. 부모가 아이의 감정을 지배하거나 통제하려고 하지 않아야 한다. 화가 좀 풀리면 부모와 대화할 수 있다는 것을 이야기해 주고, 대화를 시도해 본다.

"왜 이렇게 화가 났을까? 아빠한테 이야기 좀 해줄래? 이거 먹으면서 이야기할까?"

아이가 좋아하는 간식을 먹거나 산책을 하면서 기분 나쁜 감정에서 벗어날 수 있도록 해준다.

습관적으로 하루에 수십 번씩 삐지는 아이라면, 기분이 나빠질 때 어떻게 표현하는 것이 좋을지 물어보는 것이 좋다. 아이 스스로 다른 방법을 생각하고 표현하는 연습을 해보도록 한다.

이거, 비뚤어졌잖아요
: 자신만의 규칙이 있는 아이

"선생님, 아이가 글씨에 요즘 관심이 많아요. 자석 칠판에 글씨를 붙이며 한참 놀다가 안 치우고 옆에서 그림을 그리기에 이제 그만 노는 줄 알고, 제가 자석 글씨를 떼어서 통에 넣었거든요. 그랬더니 아빠가 만졌다고 소리를 지르고, 울고 난리가 났어요."

부모가 보기에는 자석이 그냥 붙여져 있는 것인데, 아이 나름대로는 규칙이 있었던 것이다. 맨 처음에 자신이 해놓은 대로 될 때까지 반복해서 붙였다 뗐었다 하다 마음대로 잘 되지 않자 비뚤어졌다고 짜증을 낸다. 부모가 보기에는 별 차이가 없는 것 같은데 아이는 큰일이 난 것처럼 반응하니 도무지 이해할 수 없다.

"아이가 고집이 세고 너무 예민한 것 같아요."

규칙적인 것과 창의적인 것은 어울리지 않는 단어라고 생각할 것이다. 규칙을 고집하는 아이들은 창의성이나 상상력이 없을 것 같다. 하지만 컬럼비아대학교Columbia University의 퍼트리샤 스토크스Patricia Stokes 심리학과 교수는 "모네, 몬드리안 등 유명 작가들은 영감을 끌어내기 위해 스스로 엄격한 규칙으로 제약을 걸었다"고 지적한 바 있다. 모네는 자신의 그림 소재를 연꽃, 포플러 나무 등으로 제한하고 평생 반복해서 그렸다. 그 결과 빛의 변화를 포착하는 데 집중할 수 있었고, 전통 회화 기법에서 벗어난 인상주의 화풍을 만들어냈다. 몬드리안도 수평과 수직이 세상의 전부라고 믿었고, 명확한 직선만을 추구했다. 자신만의 엄격한 규칙으로 가능성을 통제하고, 틀 안에서 창의력을 극대화한 것이다. 두 예술가는 아무런 규칙도 제약도 없이 무한한 자유가 주어질 때가 아니라, 기본적인 틀이 있을 때 창의력이 발산된다는 사실을 알려준다.

MIT 슬론 경영대학원MIT Sloan School of Management의 도널드 설Donald Sull 교수는 저서 《심플, 결정의 조건》에서 "복잡한 규칙은 사람들을 행동하는 로봇으로 만들지만, 단순한 규칙은 사람의 재량을 최대한으로 발휘할 수 있는 자유와 융통성을 준다"라고 말했다. 창의성은 무에서 유를 창조해 내는 것이라 생각하기 쉽지만, 대부분의 발명품은 기존에 있었던 것들을 개선하면서 실패를 거듭해서 만들어진 것이다.

자신만의 틀을 고집하는 아이가 답답하게 느껴질 수도 있지만, 아이는 지금 창의성을 발휘해 긴 선을 긋기 위하여 자신만의 점을 찍는 것일 수도 있다. 이러한 마음으로 아이를 이해해 주는 것이 우선이 되어야 한다.

규칙이 중요한 아이의 속마음

아이에게는 자기가 정한 틀과 규칙이 있는데, 생각한 대로 안 되면 속상하다. 틀이나 규칙대로 주변이 안정적으로 돌아가야 하는데 벗어나면 마음에 안 들고 짜증이 난다. 더군다나 지금 하고 있는 일은 너무나 중요한 의미를 지닌다.

저는 정확하게 하고 싶고 제가 원하는 대로 되었으면 좋겠어요. 왜 정확하게 제대로 하고 싶은데 어렵죠? 잘 안 되면 너무 짜증도 나고 속상해요. 비뚤어져 있는 건 보기 싫어요. 정확하게 하는 것은 제게 너무나 중요한 일인데 왜 이렇게 힘든 걸까요?

규칙에 집착하는 아이들은 그 안에 불안한 심리가 있을 때가 많다. 부모가 아무리 "실수해도 괜찮아. 지금으로도 충분해"라고 격려해 주어도 아이는 자기 기준에 안 차면 부모의 말이 귀에 들어오지 않는다.

예를 들어, 스티커를 그림 위에 붙일 때 정확하게 선을 따라 붙이려고 하거나, 그림을 그리다 망치면 마음에 들 때까지 지우고 그리기를 반복한다. 그러면서도 징징거리고 울고 짜증을 내니, 옆에서 지켜보는 부모도 힘들다. 머리를 묶어달라고 해서 묶어주었는데, 양쪽 위치가 다르다며 여러 번 머리를 묶고 푸르고를 반복하다가 화를 못 이기고 우는 경우도 있다.

기준이 높으니 뜻대로 안 되었을 때 좌절감도 경험한다. "나 이제 안 할래!"라고 화를 내거나, 포기해 버리기도 한다.

아이의 창조성을 키우는 법

예민하고 까다로운 아이는 부모를 전전긍긍하게 한다. 틀에서 조금도 벗어나기 싫은 아이의 마음속에 숨어있는 잘 해내고 싶다는 마음을 보기 어려울 때가 많다.

몰입의 중요성을 강조한 미하이 칙센트미하이Mihaly Csikszentmihalyi와 하워드 가드너Howard Gardner, 딘 키스 사이먼튼Dean Keith Simonton 등의 심리학자들은 창의적인 아이들이 기존의 질서에 순응적이지 못하며 반항적으로 행동하는 경향을 보이지만, 이러한 특성은 장차 창의력을 꽃피우는 데 결정적이라고 주장했다. 특정 시점과 상황에서 문제가 되었던 아이들의 행동도 시간과 장소가 바뀌고 나면 다른 평가를 하게 되는 경우가 많다.

그렇다면, 부모로서 아이의 모습을 조금 다르게 봐주면 어떨까? 아이의 행동을 고통이 따르는 창의적 활동으로 보는 것이다. 이런 마음으로 기다리면 아이는 안정을 찾고, 자기가 정한 틀 안에서 조금씩 허용하며 창의적인 아이로 성장할 수 있다.

"이거 삐뚤어졌잖아"라며 자신의 틀과 규칙을 고수하는 아이들은 아래와 같은 순서로 도와줄 수 있다.

① 아이의 불편했던 마음 알아주기	"아빠가 일부러 치운 것은 아니야. 네가 다 논 줄 알고 도와주려고 했는데, 아빠가 네 것을 물어보지 않고 만져서 불편했겠구나."
② 자신이 만든 규칙이나 틀을 다른 사람들이 모를 수 있다는 것도 알려주기	"가끔 이런 일이 발생할 수 있는데, 이건 너를 불편하게 하려고 하는 게 아니야. 절대 잘못되지 않으니 걱정하지 마. 괜찮아."
③ 틀에서 벗어나도 안전하다는 것을 경험하기	"자석 글씨 위치가 조금 바뀌어도 여전히 잘 사용할 수 있지? 위치가 정확하지 않아도 이게 너의 것이라는 사실에는 변함이 없어."
④ 좌절감을 느끼고 속상해할 때 공감해 주기	"스스로 하려고 했는데 잘 되지 않아 속상하구나."

⑤ 다시 시도해 볼 수 있도록 기회를 마련하고 격려하기	"힘들었겠다. 이리 와 봐. 아빠와 한번 해볼까?" "다시 해보니 또 새로운 모양이 되었네. 조금 전과 또 다르게도 할 수 있구나."

규칙적인 일이 창조성에 도움이 될 수도 있다. 미술 교육학자인 베티 에드워즈Betty Edwards는 뇌 좌반구와 우반구의 사유 양태를 순환시킬 때 창조성이 생겨날 수 있다고 말했다. 몰입과 이완, 생각에 몰두하기와 생각을 접어주기, 활동과 휴식 사이의 리듬감 있는 움직임에서 창의성이 나온다.

즉 창조성은 반복되는 일상과 새로운 경험이 순환되는 과정에서 발현된다. 하지만 부모들은 다양한 체험과 경험을 통해서만 창조성을 키울 수 있다고 생각하는 경우가 많다. 혼자 놀거나 가만히 누워있는 아이들을 보면 부모들은 답답해하거나 밖으로 데리고 나가야겠다고 생각한다. 하지만 딴생각을 하면서 걷는 아이들이 대체적으로 창의적인 생각을 할 때가 더 많다. 새로운 분야를 경험하고 다양한 체험을 하는 것 못지않게 규칙적이고 습관적인 일상도 중요하다.

크게 아래의 두 가지로 나누어 아이의 창조성을 높일 수 있다.

첫 번째, 반복되는 일상에서 창조성을 키워준다.

아이가 일상생활에서 지금 관심을 갖고 있는 것이 무엇인지 관찰하고 물어봐준다. 좋아하며 집중하는 경험이 창의성의 밑거름이 된다. 사실 아이가 "비뚤어졌잖아"라고 할 수 있는 것은 집중했기 때문에 가능한 것이다. 아이를 칭찬하고 격려해 주며, 아이가 했던 것들을 읽어주는 것부터가 시작이다.

"어떻게 비뚤어진 걸 알았어? 우아, 그런 능력을 가지고 있구나. 열심히 집중해서 했구나."

아이가 기존의 틀에 얽매이지 않고 자유롭게 하든, 규칙적인 틀을 가지고 있든 자신만의 창조성을 만들어가고 있는 과정이라는 사실을 부모들이 기억하면 좋겠다. 아이가 가지고 있는 창조성은 부모가 앞장서 주도하기보다 아이들의 행동에 불필요한 통제와 제약을 가하지 않을 때 발현된다. 오감을 통해 보고, 듣고, 느끼고 행동하는 과정 안에서 새로운 생각이 탄생한다. 일상에서 쉬는 시간, 멍 때리는 시간, 산책하는 시간, 긴장이 풀어지는 시간 역시 아이들의 창조성에 중요하고 필요하다.

두 번째, 새로운 경험에서 창조성을 키워준다.

새로운 경험은 실수할 가능성이 있는 것으로, 시냅스를 자극한다. 익숙한 상황을 스키마라고 하는데, 뇌는 낯선 상황에서 기존의 스키마로 문제를 해결할 수 없다는 사실을 깨닫고 창의성을 발현한다. 즉, 새로운 경험이 없으면 시냅스가 만들어지지 않고, 하루 중 대부분의 기억이 끊어지기 때문에 시간이 빨리 지나가는 것으로 느껴진다. 시각, 청각, 후각, 촉각, 미각을 통한 경험이 뇌세포에 더욱 많은 시냅스를 만들어낸다. 낯선 곳으로 여행을 가면 하루가 길고 느리게 가는 것처럼 느껴지는 것은 이러한 이유에서다.

새로운 경험을 할 때 아이들이 자신의 감정과 생각을 거리낌 없이 표현하고 자유롭게 활동할 수 있는 분위기를 만들어주는 것이 중요하다. 아이들과 다양한 체험활동이나 여행을 가는 이유가 여기에 있다.

창조성은 친구들과 함께 놀면서 만들어지기도 한다. 함께 새로운 것들을 만들며 놀기도 하고, 다양한 사람을 만나면서 창의성에 시너지를 준다.

그거 아니에요. 이거 아니에요!
: 그냥 다 싫은 아이

어떤 말을 해도 아이가 "아니야"라고 말할 때가 있다. 잘 일어났냐고 물어봐도, 배고프냐고 물어봐도, 대답은 모두 "아니야"다. 우유도 싫고, 주스도 싫고, 하물며 자기가 고르는 것도 싫다고 한다.

"혹시 인내심을 테스트하는 걸까요?"

"언제까지 화내지 않고 받아줄 수 있을까요?"

아마 100가지를 물어봐도 돌아오는 말은 "아니야"일 것이다. 부모들은 아이의 비위를 맞추기 어렵고 까다로워 고집쟁이라고 받아들이는 경우가 많다. 이럴 때는 누구든지 답답하고, 아이를 돌보는 것이 힘들다. 자기 표현 능력이 생긴 거라고 긍정적으로 생각해봐도 잠시뿐, 반복되는 아이의 말에 지친다. '아니야'를 반복해서 들으니, 도무지 아이가 왜 이러는지 알 수가 없어 답답하고 아이의 말에 대답도 하고 싶지 않다. 그리고 어느 순간 "너 한 번만 아니라고 말해봐! 엄마한테 혼날 줄 알아!"라고 말하게 된다.

뭐든 다 싫은 아이의 속마음

아이는 왜 "아니야"를 반복할까? 그리고 부모는 무한 반복 노래 "아니야"를 듣고 있는 걸까? 아이가 "아니야"라고 말하는 것은 자기 것에 대한 인식이 생기기 시작하면서부터다. 자아가 발달하는 16~30개월에 자주 사용하는 말인데, 지극히 정상적인 발달 과정이다.

이때는 자아 발달 속도보다 인지와 언어 발달이 미숙하기 때문에, 울거나 떼쓰거나 드러눕는 것으로 표현할 수밖에 없다. 부모를 화나게 하고, 인내심을 테스트하고, 반항하여 양육의 쓴맛을 보여주기 위해 일부러 하는 말이 아닌 것이다. 원하는 것이 있지만 그것을 말로 다 표현하지 못하기 때문에 "아니야"라고 대답하는 것이다.

아이의 "아니야"라는 말은 사실 의사 표현의 신호다.

엄마, 아빠. 이제는 저 좋고 싫음이 분명해졌어요. 저는 제 의견을 더 강하게 말할 거예요. 이제 의견이라는 것이 생겼거든요. 저는 성장하고 있어요.

아이의 마음을 이해하는 법

아이의 말과 행동에는 다 이유가 있다. 하지만 "뭐가 아닌데? 말을 해봐"라고 속마음을 물어도, 아이는 "아니야"라고 대답할 것이다. 그럴 때는 아래의 단계를 거치는 것이 좋다.

주변 상황 살펴보기	주변 상황에 무엇인가 아이의 기분을 나쁘게 하거나 불편하게 한 것이 있는지 살펴본다.
아이가 마음을 조절할 수 있는 시간 주기	아이가 감정적일 때는 자신의 마음을 스스로 조절할 시간을 주고 대화를 하는 것이 필요하다. "엄마는 여기에서 기다릴게. 하고 싶은 말이 있으면 엄마에게 와. 마음이 조금 괜찮아지면 엄마한테 얘기하렴."

아이의 마음을 읽어주며 질문하기	"네가 왜 그럴까? 누가 너를 이렇게 짜증나게 했을까?" "더 자고 싶은데 눈이 떠져서 아니라고 한 거야?" "사탕 먹고 싶었는데, 못 먹게 해서 아니라고 한 거야?"
아이의 감정에 공감해 주기	부모가 아이의 마음을 공감하며 설명해 줄 때, 정확하게 무슨 말인지는 못 알아들을지라도 친절하게 설명해 주는 부모의 태도를 보면서 짜증나고 불편했던 마음이 줄어든다.
"아니야" 대신 감정을 표현할 수 있는 말 가르쳐주기	"짜증나요" "힘들어요" "기분이 나빠요" 등 구체화된 표현들로 말하도록 가르쳐주는 것이 좋다.

아이는 처음에 "힘들어요" "짜증나요" "슬퍼요" 같이 단순한 언어로 표현할 가능성이 높다. 시간이 지나며 이 표현들을 아래와 같이 다양하게 써볼 수 있도록 도울 수 있다.

자주 쓰는 표현	다양한 표현들
힘들어요	긴장돼요. 막막해요. 피하고 싶어요. 신경질 나요. 지겨워요. 귀찮아요. 부담스러워요.
화가 나요 짜증 나요	얄미워요. 약 올라요. 분해요. 속상해요.

무서워요	불안해요. 두근거려요. 긴장돼요. 초조해요. 조마조마해요.
슬퍼요	서운해요. 허전해요. 가슴 아파요. 가슴이 뻥 뚫린 것 같아요. 서글퍼요.

친구가 나랑 안 논대요
: 거절이 마음 아픈 아이

아이들이 서너 명 모여 놀이터에서 놀고 있고 엄마들이 지켜보고 있다. 한 친구가 무엇인가 마음이 틀어졌는지 "너랑 안 놀아!"라고 말했고, 그 말을 들은 아이가 "엄마, 친구가 나랑 안 논대"라며 엄마에게 와서 대성통곡하는 일이 벌어졌다. 한 엄마는 당황스러워하고, 다른 엄마는 속상해하는 얼굴이었다.

"나, 너랑 안 놀아!"라는 말을 들은 아이에게 어떻게 이야기해 주면 좋을지 고민된다. 반대로 "나, 너랑 안 놀아!"라고 말하는 아이 때문에 부모는 당황스럽고 곤란하다. "나, 너랑 안 놀아!"라는 말을 들은 아이와 "나, 너랑 안 놀아!"라고 말하는 아이. 유아기 때 누구나 한번은 이 말을 듣거나 하게 된다.

3~5세의 아이들은 친구들과 놀 때도 자신의 놀이를 더 중요시

한다. 그래서 친한 친구라도 같이 노는 것이 어려울 수 있다. 자기가 하던 놀이가 끊기는 것이 싫어서 "나 너랑 안 놀아!"라고 이야기할 수 있는 것이다. 같이 하고 싶은 놀이가 있으면 함께 놀기도 하지만 같은 공간에 있어도 따로 놀기도 한다.

아이가 친구에게 "너랑 안 놀아!"라는 말을 듣고 운다면 어떻게 해주어야 할까? 부모로서는 당장 "너도 재랑 놀지 마"라고 말하고 싶은 마음이 굴뚝 같다. 반대로, "너랑 안 놀아!"라는 말을 자주 해서 어린이집에 전화가 오거나, 다른 아이의 부모에게 우리 아이의 이야기를 듣게 되는 경우에도 고민이 된다.

거절하는 아이의 속마음

거절의 말을 들은 아이를 위로하고 거절을 하는 아이를 이해하기 위해, "너랑 안 놀아!"라고 말하는 아이의 속마음을 생각해 볼 필요가 있다.

나 지금 다른 놀이를 하는 중이야. 방해하지 말아줘. 나는 다른 친구와 놀고 싶어.

특히 친구 관계에서 세 명이 모이면 두 명이 짝을 이뤄 한 명이 소외되는 경우가 많다. 이럴 때 친구와 같이 놀고 싶고, 친해지고 싶은데 뜻대로 안 되니 속상해서 울게 된다. 하지만 사실은 친구와 타이밍이 안 맞고, 서로 원하는 것이 달라 생기는 일이다.

거절의 말을 들은 아이를 위로하는 법

"너랑 안 놀아!" "나도 너랑 안 놀아!"서로 삐졌다 다시 놀기를 반복하는 것은 유아기 때만 일어나는 일이 아니다. 말만 조금씩 다르지 초등학교, 중고등학교 가서도 또래 관계가 중요한 만큼 친구와 친해졌다가 다투기도 하고, 또 오해가 생기기도 한다. 어른이라고 다른가? 부부 사이에서도 "너랑 안 놀아"라고 말만 안 할 뿐이지 오해하고 싸우는 과정을 거치며 서로를 이해하고 존중하는 법을 배우기도 한다.

아이가 친구들과 때로 다투는 것은 당연한 일이다. 다만 부모로서 아이가 친구 관계로 속상해하거나 상처받거나 힘들어할 때 다양한 대처 방법으로 도와줄 수 있다.

첫 번째, 해결 방법을 제시하는 것이 아니라 위로가 먼저다.

아이가 속상해하면 아이를 토닥여주고 안아주며 말해주어야 한다. "속상했겠다" "힘들었겠다"라고 그 순간에 아이가 가졌을 감정을 먼저 위로해 주고 공감해 준다.

아이가 속상해서 많이 울거나 오랫동안 슬픈 감정을 간직하고 있는 경우도 있다. 아이는 이렇게 부정적인 느낌을 받을 때 부모가 자신의 마음에 함께 머물러 주길 바란다. 거절받은 슬픔과 실망, 속상함, 좌절을 있는 그대로 함께 나누며 위로받고 싶다. 아이 또한 다른 친구랑 놀면 된다는 사실을 안다. 하지만 다음에 이렇게 해보자고 해결 방법을 제시하는 부모의 말에 아이는 이해받지 못한다고 느끼고, 짜증을 내거나 토라지는 모습을 보일 수 있다. 아직은 부정적인 감정을 언어로 표현하는 데 서툴기 때문이다.

"그때 기분은 어땠어?"

"그래, 얼마나 속상했어."

"엄마도 그런 상황에서는 눈물 나게 슬플 것 같아."

부모가 진심이 담긴 눈빛과 마음을 전하면 아이는 스스로 슬픈 감정을 털어내고 속상함을 떨쳐내는 자신만의 방법을 찾아낼 수 있다. 부모의 따뜻한 공감과 수용을 통해 아이는 긍정적 에너지가 충전되고, 부정적인 감정을 바꿀 힘이 생긴다.

두 번째, 감정을 풀 수 있는 활동을 해보는 것도 좋다.

감정을 풀 수 있는 방법을 아이에게 물어보거나 혹은 부모가 아이가 좋아하는 활동 중에서 몇 가지 제안할 수 있다. 그림으로 지금의 감정을 그려보거나, 감정 일기 혹은 친구들에게 전하는 편지로 아이가 하고 싶은 말을 하면 부모가 대신 글을 써줄 수 있다.

세 번째, 친구에게 거부하는 말을 지속해서 듣게 된다면, 친구의 의견을 따라준다.

아이의 편을 들어준다고 "뭐 그런 친구가 있니? 그 친구 혼나야겠구나"라고 친구에 대해 부정적인 말을 하면, 아이는 "아빠, 왜 내 친구한테 그렇게 말해!"라며 반응한다. 친구가 "너랑 같이 안 놀아"라고 말하면 친구의 의견을 따라주라고 안내해 준다.

"그럼 나중에 놀자! 놀고 싶을 때 언제든지 나한테 말해줘!"

네 번째, 마음에 맞는 친구를 사귈 수 있다고 응원해 준다.

부모는 늘 친구들과 사이좋게 지내라고 말하지만, 아이가 친구 때문에 상처를 받았을 때마저 잘 지내라고 강요할 필요는 없다. 모두가 아이를 좋아할 수 없다는 것을 얘기해 줄 필요가 있다.

"세상에는 많은 사람이 있는데 모두 널 좋아할 수는 없어. 친구의 마음은 네가 어떻게 할 수 있는 것이 아니야. 친구의 기준에 네가 다 맞출 필요는 없어. 사람마다 마음에 맞는 친구가 다르고, 너도 다른 친구를 사귈 수 있어."

다섯 번째, 친구를 사귀는 방법을 알려준다.

부모가 친구를 다 만들어줄 수 없다. 다만 아이에게 친구를 사귈 방법을 몇 가지 가르쳐줄 수는 있다.

인사하며 다가가기	친구를 사귀는 가장 좋고 쉬운 방법이다. 처음에는 어색할 수 있지만, "나랑 같이 놀래? 나는 지금 모래 놀이를 하려고 하는데, 너는 지금 무슨 놀이 해?"라고 말하면서 다가갈 수 있다.
관심 보여주기	놀이, 음식, 동물 등 새롭게 만난 친구가 무엇을 좋아하는지 물어보면 좋다. 비슷한 취미나 좋아하는 것이 같다면 더 빨리 친해질 수 있다.
활짝 웃어주기	친구의 말에 눈을 맞추면서 활짝 웃어준다.

거절하는 아이의 마음을 이해하는 법

① 먼저 상황과 이유를 들어본다.

부모는 아이가 잘못된 말과 행동을 할 때 "그런 말하면 못 써. 안 돼"라고 반응할 수 있다. 하지만 아이들이 어떤 말이나 행동을 할 때는 다 나름대로 이유가 있다. 대화하기 전에 아이가 그렇게 말한 상황과 이유를 들어보는 것이 좋다.

②"나 너랑 안 놀아"라는 말을 들은 친구의 마음을 경험해 보도록 한다.

부모는 아이의 역할, 아이는 친구 역할을 하면서 친구의 마음이 어땠을 것 같은지 알아본다. 부모가 "친구가 속상했겠다"라고 이야기하면 아이는 자신보다 친구를 생각하고 챙겨준다고 오해할 수 있기 때문에, 역할극을 통해 "너랑 안 놀아"라고 들은 친구의 기분이 어떤지 아이가 스스로 느껴보도록 하는 것이 좋다.

③ "나 너랑 안 놀아"를 대신할 수 있는 말과 행동을 생각해 본다.

아이가 자기만의 대처 방법을 찾아볼 수 있도록 물어봐주는 것이 좋다. 형제들 간에도 이런 상황들은 수시로 일어난다. 놀이터에서 그네를 타려고 줄을 선 형과 동생이 먼저 타겠다고 실랑이가 있었다.

"엄마, 내가 먼저 줄 섰어."

"아니야, 엄마. 형이 나중에 왔어."

"어떻게 하면 좋을까? 그네는 하나인데. 좋은 방법 없을까?"

"너 한 번, 나 한 번 번갈아 가면서 타자. 너 그네 타는 동안 형은 미끄럼틀 타고 올게."

아이가 자신만의 좋은 방법을 찾을 수 있도록 먼저 기회를 주는 것이 좋다. 부모로서 판결을 내려주는 역할을 할 때가 있는데, 이럴 때 한걸음 뒤로 물러나면 아이 스스로 좋은 방법들을 찾아내는 능력이 있다는 것을 알게 된다. 아이가 어려서 아직은 스스로 답을 찾기 어려워한다면, 다음과 같이 말하는 연습을 시켜보자.

혼자 놀고 싶을 때	"나 지금 이 놀이 조금 더 하고 싶어. 나 다 놀고 나면 같이 놀자."
친구와 같이 놀다가 불편한 부분이 있을 때	"나 불편해. 하지 말아줘."

④ 여러 상황을 가정하며 대화하기

친구가 놀릴 때, 다른 친구들이 장난감을 망가뜨릴 때, 친구들과 같이 놀고 싶

을 때, 친구들과 만든 블록이 무너졌을 때, 갖고 노는 장난감을 빼앗겼을 때, 화장실 문을 소리 없이 열었을 때 등과 같이 다양한 상황에 대해 아래와 같이 물어보며 대화를 해볼 수 있다.

친구가 놀리면 어떨까? 다른 친구들이 그러는 이유가 뭘까? 어떻게 해결할 수 있는 방법이 있을까? 비슷한 상황이 있었던 적 있었어? 친구의 기분이 어땠을 것 같아? 친구를 위로하는 방법이 있을까?

이와 같은 질문을 하며 아이가 자신의 생각과 방법을 찾을 수 있도록 도와주면 좋다.

우리 아이를 위한 그림책 경청법

우리 아이를 깊게 이해하기 위한 그림책

그림책을 활용한다면 일상의 영역에서 벗어나 더 다채로운 아이의 말들을 들어볼 수 있다. 보통 그림책은 부모가 단순히 읽어준다고 생각하지만, 색다른 관점으로 반짝이는 아이의 말을 더 많이 듣는 기회로 만들어보자.
아이를 이해하고 아이의 사고력을 키우기 위해 건넬 수 있는 몇 가지 질문들과 접근법을 소개하고자 한다. 특히 아이의 성향 및 상황에 맞추어 적절한 주제의 그림책을 활용한다면 더욱 좋은 효과를 기대할 수 있을 것이다.

1. 불안감이 높은 아이와 소통하는 그림책

《겁쟁이 빌리》, 앤서니 브라운, 김경미 옮김, 비룡소

· 빌리는 어떤 걱정을 한 걸까?
· 최근 들어 가장 걱정이 되는 것은 무엇일까?
· 걱정을 사라지게 하기 위해 스스로 해본 것이 있을까?
* 걱정 인형을 만들어 자신의 걱정을 이야기해 보도록 하는 것도 좋다.

《어떡하지?》, 앤서니 브라운, 홍연미 옮김, 웅진주니어

- '만약에'라고 말하는 조에게 무슨 말을 해주고 싶어? 네가 조라면 엄마(아빠)가 어떻게 이야기해 주면 좋을까?
- 조처럼 어떤 일이 일어날지 모를 때, 긴장되거나 안 좋은 상상이 든 적이 있어? 그때 감정이 어땠어?
- 모르는 곳에 가거나 모르는 것을 해야 할 때 '어떡하지?'라고 걱정이 되었을 때가 있었어? 그럴 때 엄마(아빠)가 어떻게 도와주면 좋을까?

2. 탐구심이 많은 아이와 소통하는 그림책

《생각하는 개구리》, 이와무라 카즈오, 박지석 옮김, 진선아이

- 요즘 제일 관심 가거나 궁금한 것이 있어?
- 요즘 무슨 생각을 제일 많이 해?
- 이해하고 싶은 마음이나 이해받고 싶은 것이 있어?

《도서관이 키운 아이》, 칼라 모리스 글, 브래드 시니드 그림, 이상희 옮김, 그린북

- 지금까지 읽었던 책 중에서 어떤 책이 제일 재미있었어?
- '뱀'에 대해 궁금해했던 그림책 친구처럼, 네가 관심 있어 하는 것을 검색해서 찾아볼까?

3. 재미를 추구하는 아이와 소통하는 그림책

《도깨비를 빨아 버린 우리 엄마》, 사토 와키코, 이영준 옮김, 한림출판사

- 우리 집에 빨면 좋겠는 물건이 있을까? 왜 그것을 빨았으면 좋겠어?
- 빨래를 하면 속이 후련하다고 하는데, 속이 후련한 경험을 해본 적이 있어?
- 네게 맡겼을 때 해낼 수 있는 것은 무엇일까?

《안 돼, 데이비드!》, 데이비드 섀넌, 김경희 옮김, 주니어김영사

- 엄마(아빠)가 "안 돼"라고 자주 말할 때는 언제야?
- 데이비드처럼 하면 다른 사람은 어떻게 느낄까?

《학교에 간 데이비드》, 데이비드 섀넌, 김경희 옮김, 주니어김영사

- 학교(유치원/어린이집)에는 왜 규칙이 있을까?
- 데이비드가 규칙을 지키지 않았을 때 어떤 일이 일어날까?
- 그럼에도 데이비드가 잘한 것은 무엇일까?

《말썽쟁이 데이비드》, 데이비드 섀넌, 김경희 옮김, 주니어김영사

- 제일 재미있는 장난이나 재미있을 때는 언제, 무엇을 했을 때야?
- 데이비드에게 해주고 싶은 말이 있어?
- '내가 잘못했구나'라는 생각이 들 때는 언제야?

《따라 하지 마, 데이비드!》, 데이비드 섀넌, 김경희 옮김, 주니어김영사

- 언제 언니, 오빠(형, 누나)를 따라하고 싶어?
- 언니, 오빠(형, 누나) 때문에 혼나게 되면 기분이 어때?
- 언니, 오빠(형, 누나)의 어떤 점을 자랑하고 싶어?

4. 주도하는 아이와 소통하는 그림책

《세상에서 제일 힘센 수탉》, 이호백 글, 이억배 그림, 재미마주

· 세상에서 제일 힘이 센 수탉이 다른 수탉에게 졌을 때, 어떤 기분이었을까?
· 다른 사람이 이겼을 때, 어떤 감정이 들까? 어떻게 말해주어야 할까?
· 내가 이겼을 때 어떤 감정이 들고, 진 사람에게 어떻게 말해주면 좋을까?

《에드와르도 세상에서 가장 못된 아이》, 존 버닝햄, 조세현 옮김, 비룡소

· 에드와르도에게 어떤 말을 해준 어른의 말이 제일 기억에 남아? 왜 그 말이 기억에 남아?
· 네가 실수했을 때, 부모님이 어떻게 말해주면 좋을까?
* 때로 아이가 실수할지라도 가장 사랑스러운 아이라고 말해주는 것도 좋다.

《고함쟁이 엄마》, 유타 바우어, 이현정 옮김, 비룡소

· 엄마(아빠)가 화를 내면 너는 어떤 기분이야? 네가 화가 날 때 기분이 어때?
· 엄마(아빠)는 이럴 때 화가 제일 많이 나는데, 너는 언제 화가 제일 많이 나?
· 화날 때 어떻게 표현하면 좋을까?
· 만약에 화를 냈다면 서로 어떻게 사과하고 용서해 주면 좋을까?

5. 친밀감이 중요한 아이와 소통하는 그림책

《치킨 마스크》, 우쓰기 미호, 장지현 옮김, 책읽는곰

· 여러 가면 중에 제일 맘에 드는 친구는 누구야?
· 누군가를 부러워한 적이 있어? 있다면 어떤 점이 부러웠어?
· 네가 잘하고 좋아하는 것은 무엇이야?

* 자신만의 'OO 마스크'를 만들어볼 수 있다. 〈복면가왕〉처럼 원하는 가면을 직접 그려 쓰고 노래 부르기, 인터뷰 하기 등 다양한 놀이를 해본다.

《쥐와 게》, 김중철 글, 김고은 그림, 웅진주니어

· 친구들 중에 '쥐'와 '게'의 특징을 가진 친구는 누가 있을까?
· 쥐와 게처럼 서로 좋아하는 것이 다른데, 친구가 될 수 있을까?
· 친구에게 잘해주었는데, 친구가 내 마음과 정성을 못 알아주면 어떨까?
· 나와 너무 다른 친구와 잘 지내려면 어떻게 해야 할까?

《나랑 친구할래?》, 아순 발솔라, 김미화 옮김, 풀빛

· 동물 친구들이 고슴도치와 친구가 되기 싫어한 이유는 무엇일까?
· 고슴도치가 혼자라는 생각이 들었을 때 기분이 어땠을까?
· 거북이 친구가 생긴 뒤 고슴도치의 기분은 어땠을까?
· 친구란 어떤 사이일까?

6. 감정이 중요한 아이와 소통하는 그림책

《느끼는 대로》, 피터 H. 레이놀즈, 엄혜숙 옮김, 문학동네

· 무엇인가 잘해보려고 노력했는데, 마음대로 안 된 적이 있어?
· 지금 잘 그리고 싶은 그림이 있어? 똑같지 않아도 괜찮아.
· 너만의 감정도 느낌으로 그려볼까?

《무지개 물고기》, 마르쿠스 피스터, 공경희 옮김, 시공주니어

· 네가 좋아하고 잘하는 것은 무엇이야? 그중에서 나누어주고 싶은 것은 어떤 것이 있을까?
· 하나 남은 반짝이 비늘을 친구들이 달라고 하면, 무지개 물고기는 어떻게 할까? 만약 네가 무지개 물고기였다면 비닐을 나누어줄 수 있었을까?
· 무지개 물고기와 같이 친구들에게 너의 것을 나누어주거나 빌려준 경험이 있어? 그때 친구의 반응은 어땠어?

어려운 주제도 깊이 대화할 수 있는 그림책

아이와 대화하기 어려운 주제들이 있다. 이러한 주제에 대해서는 그림책을 통해 소통하는 계기를 마련하면 좋다. 그림책을 아이와 보면서, 그 속에서 아이의 생각과 감정을 엿보고 대화할 수 있다.

책 속 주인공들과 대화하며 아이와 부모의 생각과 감정을 서로 표현할 수 있다. 아이의 생각과 감정을 알기 위해 부모가 건네면 좋은 질문들을 몇 가지 제안하고자 한다. 이를 발판으로 질문과 대화를 더 확장해 나가길 바란다.

1. 죽음을 이해하도록 돕는 그림책

《살아 있는 모든 것은》, 브라이언 멜로니 글, 로버트 잉펜 그림, 마루벌

· "살아 있는 모든 것은 ________." 우리 문장을 완성해 볼까?
예) "살아 있는 모든 것은 자기 수명이 있다" "살아 있는 모든 것은 배고프다"
· 너는 얼마만큼 살고 싶어?
· 너는 엄마와 어떤 추억을 만들고 싶어?"

* 죽음에 대해 "엄마는 너의 옆에 오래오래 살고 싶어. 시작과 끝 사이에서 너와 좋은

추억을 많이 만들고 싶어"라고 말해준다.

《내가 함께 있을게》, 볼르 에를브루흐, 김경연 옮김, 웅진주니어

- 오리는 어디로 갔을까?
- 죽음은 나쁜 것일까?
- 죽음이는 자주색 튤립을 두었는데, 꽃마다 의미하는 꽃말이 있어. 자주색 튤립은 영원한 사랑이래. 이번에 할아버지 산소에 어떤 꽃을 두면 좋을까?

2. 잠드는 것이 두려운 아이를 다독이는 그림책

《이젠 무서운 꿈을 꾸지 않아요!》, 안느 구트망 글, 게오르그 할렌스레벤 그림, 신수경 옮김, 밝은미래

- 그림책에 나온 것 중 제일 마음에 드는 꿈은 뭐야?
- 네가 평소에 꾸는 꿈은 뭐야? 그러면 꾸고 싶은 꿈은 뭐야?
- 마지막 페이지의 말 중, 가장 마음에 와닿는 말은 뭐야?

  (무서운 꿈은 찾아오지 않았어요, 괴롭히지 않았어요, 두렵게 하지 않았어요, 공격하지 않았어요 등 다양한 말이 있다. 아이가 눈을 감으면 무서운 꿈을 쫓는 금빛 가루를 뿌리는 손동작과 함께 아이가 듣고 싶어 했던 말을 들려주며 마무리한다.)

《무서운 꿈을 꿀 땐 어떻게 해요?》, 마리 조제 베르주롱 글, 마리옹 아르보나 그림, 김양미 옮김, 상상스쿨

- 너는 꿈속에서 어떤 사람이 되고 싶어?
- 꿈속 이야기의 결말을 생각해 볼까? 영웅이 된다면 어떨까? 아니면 운동선수가 된다면 어떨까?

3. 동생의 존재가 힘든 아이를 위한 그림책

《내 동생 싸게 팔아요》, 임정자 글, 김영수 그림, 미래엔아이세움

· 동생을 팔고 싶을 때가 있어?
· 동생을 팔기 아까운 이유는 무엇일까?
· 동생이 말썽을 많이 부려 속상하지? 동생은 왜 그런 걸까? 동생이 좋을 때는 언제일까?
· 그림책을 보니 첫째가 정말 괴로웠겠네. 그런데 어린 동생의 마음도 궁금하다. 한번 생각해 볼까?

《얄미운 내 동생》, 이주혜, 노란돼지

· 동생의 어떤 모습이 불편해?
· 동생을 동물이라고 하면 어떤 모습일 때 어떤 동물이 떠올라?
· 언제 동생이 사랑스럽고 고맙게 느껴져?

4. 다양한 감정을 나누기 위한 그림책

《화》, 채인선 글, 황유리 그림, 한권의책

· 네가 화가 났던 상황은 언제야?
· 화가 났을 때 너는 어떻게 했어?
· 화가 났을 때 어떻게 하면 좋을까?

《슬픔을 치료해 주는 비밀 책》, 캐린 케이츠 글, 웬디 앤더슨 핼퍼린 그림, 이상희 옮김, 봄봄출판사

· 슬픔을 치료해 주는 책 안에 어떤 처방법들이 있었어?
· 슬플 때 어떻게 해야 할까? 슬픔을 치료하는 너만의 처방법이 있을까?
· 네가 슬픔을 느꼈을 땐 어떤 이유 때문일까?

나가며

부모 반성문은 이제 그만! 가장 창조적이고 혁신적인 육아의 시작

"엄마는 내 마음도 모르고…."

외부 일정이 있어 다급하게 어린이집을 보내려는데 둘째 아이가 말했다.

"응? 엄마가 네 마음을 모른다고? 네가 지금 어떤 마음인지 엄마에게 말해줄래?"

밖으로 나가기 직전이라 아이의 말이 엉뚱하게만 들렸다.

"엄마는 내가 제일 중요하지 않잖아!"

자신을 빨리 어린이집에 보내려는 엄마의 분주한 모습에, 자신보다 일을 더 중요하게 생각한다고 느낀 것이다.

"그렇게 너의 마음을 솔직하게 이야기해 줘서 고마워. 다음에도 엄마가 너의 마음을 잘 몰라주는 것 같으면, 꼭 오늘처럼 이야기해

줘. 엄마는 무엇보다 네가 제일 중요하고 소중해. 네가 엄마에게 와주길 5년이나 기다렸으니 얼마나 소중한 사람인지 몰라."

이 말에 아이가 먼저 손을 내밀어 주었고, 어린이집에 웃는 얼굴로 즐겁게 향할 수 있었다.

첫째 아이와 둘째 아이를 키우면서 아이마다 언어를 습득하는 방법과 좋아하는 책과 놀이, 좋고 싫은 것을 표현하는 방법, 원하는 칭찬, 사랑을 표현하는 방식도 모두 다르다는 사실을 매 순간 경험한다. 이렇게 아이마다 성향이 다른데, 어떻게 양육 방법이 같을 수 있을까? 한 아이에게 통했던 방식이 다른 아이에게는 통하지 않는다. 아이의 타고난 특성과 기질, 발달에 따라 양육 태도와 부모의 역할이 바뀐다. 그래서 지금 우리 아이에게 호기심을 가지고 성향과 기질을 관찰하며 파악하려는 자세를 가져야 한다. 아이의 기질과 마음을 알 수 있는 첫 번째 단서가 바로 아이의 말이다.

두 아이를 키우며 내가 가지고 있는 모든 경험과 지식, 지혜를 총동원하여 나와 아이 사이에 맞는 응용력과 상상력을 발휘하게 된다. 세상 어떤 일이 이렇게 창의적이고 창조적일까? 객관식 문제처럼 답이 명료하지 않고 서술형 문제처럼 정답의 방향과 범주가 있을 뿐이다. 모든 가정의 환경과 상황이 다르고, 부모와 아이가 모두 다르니, 육아는 가장 혁신적인 일이다. 내 아이의 말에 귀 기울이고, 끊임없이 물어보며 질문해야 창조적인 육아를 할 수 있다.

가장 중요한 것은 그 과정에서 여러분 스스로를 격려하고 지지

하는 것이다. 부모 교육을 받거나 학부모 상담을 하고 나서 아이에 대한 미안함에 반성문을 쓰며 집으로 향하는 부모들을 보게 된다. 소통 프로젝트에서 부모들에게 아이가 언제 부모에게 사랑을 느끼는지에 대해 대화해 보라는 미션을 드린 적이 있다.

"내가 거북이처럼 하는데 엄마가 기다려줄 때 마음이 좋아. 잘하고 싶은데 잘 안 돼."

한 엄마는 아이의 말에 반성하는 시간을 가졌다고 이야기했다. 하지만 아이의 말에 반성하기보다, 아이가 솔직하게 이야기해 준 것에 감사하면 어떨까? 아이가 솔직하게 자신의 감정을 말한다는 것은 그만큼 부모를 신뢰하기 때문에 가능한 일이다. 아이가 어떻게 느끼는지 속마음을 부모가 모두 알기는 어렵다. 미안해하기보다 아이에게 고마운 마음을 가지고, 스스로를 격려하는 태도를 가졌으면 한다.

"문제 아이는 없다. 단지 문제 부모가 있을 뿐이다"라는 말이 부모 교육과 육아서에 더 이상 사용되지 않으면 하는 바람이다. 18년간 수많은 아동과 부모를 현장에서 만나며 깨달은 것은, 모든 부모가 아이에게 최선을 다한다는 사실이다. 물론 양육의 기술이 부족하고 옳지 않은 방법으로 아이를 대하는 부모를 종종 본다. 하지만 어렸을 때 자신의 부모로부터 좋은 양육을 경험하지 못한 탓에 아이를 어떻게 대해야 할지 모르는 경우가 대부분이다.

아이가 문제 행동을 한다고 해서 문제 부모는 아니라고 생각한다. 그리고 부모로부터 사랑과 안정감을 경험하지 못했는데도 아이를 잘 키워보기 위해 여러 방면으로 노력하는 이들도 많다. 이들은 모두 창의적으로 육아를 하는 혁신가이다. 설령 어렸을 때 부모로부터 좋은 양육의 경험을 받지 못했다 할지라도, 우리에게는 좋은 양육을 경험하게 해줄 수 있는 아이가 있다. 우리는 아이로부터 배울 수 있고, 그 시작점은 아이의 말을 들어주는 데 있다. 아이가 최고의 선물이라고 말하는 이유는 육아 과정에서 부모와 아이가 모두 성장할 수 있기 때문이다. 하지만 부모 반성문에 머물러 과거와 현재에 갇혀 있을 때, 우리는 미래로 한 걸음 떼기도 어려워진다.

내 아이와 다른 아이, 나와 다른 부모를 비교하는 대신 나와 아이의 어제와 오늘이 어떠한지, 얼마나 성장했는지 살펴보자. 아이는 부모로부터 자신의 모습 그대로 인정받고, 지지와 격려를 받을 때 건강하게 성장할 수 있다. 부모 또한 자신을 있는 그대로 지지하고, 해온 것을 칭찬하고, 최선을 다하는 모습을 격려하고, 잘해온 것을 확장해 나가며 성장하길 바란다. 이 책을 읽고 육아 반성문을 쓰는 것이 아니라, 아이들과 더 좋은 관계를 맺게 되길 기도한다.

2022년 11월

천영희

참고문헌

01. 불안의 언어로 말하는 아이에게: 정서적 안정을 이끄는 확신의 경청법

- KATHARINE M. BANHAM BRIDGES, 〈Emotional Development in Early Infancy〉, 《Child Develpment》, Dec., 1932
- 김윤주, 《학교에서 실천하는 해결중심 모델》, 2008
- Maria Nagy, 〈The child's theories concerning death.〉, 《The Pedagogical Seminary and Journal of Genetic Psychology》, 1948

02. 탐구의 언어로 말하는 아이에게: 문제 해결 능력을 높여주는 창조적 경청법

- 이광형, 《누가 내 머릿속에 창의력을 심어놨지?》, 문학동네, 2015
- 게오르크 짐멜, 〈부끄러움의 심리학에 대해서〉, 《짐멜의 모더니티 읽기》, 새물결, 2005

03. 재미의 언어로 말하는 아이에게: 자기 확신을 키우는 긍정의 경청법

- 염유식, 〈한국 아동·청소년 행복지수 조사〉, 2019 : 초등학생, 연세대학교 사회발전연구소 ; 한국방정환재단
- 건강보험심사평가원, 〈최근 5년(2017~2021년) 우울증과 불안장애 진료현황 분석〉
- 세이브더칠드런, 서울대사회복지연구소, 〈국제 아동 삶의 질 조사〉, 2019
- Fogle Livy M.; Mendez Julia L., 〈Parent Play Beliefs Scale〉, 《Early Childhood Research Quarterly》, Q4 2006
- Salim Hashmi, Ross E. Vanderwert, Amy L. Paine, Sarah A. Gerson, 〈Doll play prompts social thinking and social talking: Representations of internal state language in the brain〉, 2021.7.21.

04. 주도의 언어로 말하는 아이에게: 자기 조절 능력을 발달시키는 인정의 경청법

- Alexander C. Jensen, Susan M. McHale, 〈Mothers', fathers', and siblings' perceptions of parents' differential treatment of siblings: Links with family relationship qualities〉, 2017.9.1.

05. 사랑의 언어로 말하는 아이에게: 건강한 자존감을 만드는 다정한 경청법

- 에리히 프롬, 《사랑의 기술》, 문예출판사, 2019
- Joy E Lawn, Judith Mwansa-Kambafwile, Bernardo L Horta, Fernando C Barros, Simon Cousens, 〈'Kangaroo mother care' to prevent neonatal deaths due to preterm birth complications〉, 2010

06. 감정의 언어로 말하는 아이에게 : 공감 능력을 기르는 존중의 경청법

- 도널드 설, 캐슬린 M. 아이젠하트, 《심플, 결정의 조건》, 와이즈베리, 2016
- 미하이 칙센트미하이, 《몰입 Flow》, 한울림, 2004
- 베티 에드워즈, 《오른쪽 두뇌로 그림그리기》, 나무숲, 2015

특별히 도움이 되는 책들

- 서천석, 《아이와 함께 자라는 부모》, 창비, 2013
- 엘리자베스 와겔리, 《에니어그램으로 보는 우리 아이 속마음》, 연경문화사, 2013
- 제롬 와그너, 《세상을 바라보는 아홉 가지 렌즈》, 학지사, 2016

내 아이의 말 습관

초판 1쇄 발행 2022년 11월 25일
초판 3쇄 발행 2023년 2월 1일

지은이 천영희
펴낸이 권미경
편집장 이소영
편집 이정주
마케팅 심지훈, 강소연
일러스트 해sun
디자인 어나더페이퍼
펴낸곳 ㈜웨일북
출판등록 2015년 10월 12일 제2015-000316호
주소 서울시 마포구 토정로 47, 서일빌딩 701호
전화 02-322-7187 **팩스** 02-337-8187
메일 sea@whalebook.co.kr **인스타그램** instagram.com/whalebooks

ISBN 979-11-92097-34-3 03590
가격 18,000원

소중한 원고를 보내주세요.
좋은 저자에게서 좋은 책이 나온다는 믿음으로, 항상 진심을 다해 구하겠습니다.